Rohe – Die Brutbilder der wichtigsten Forstinsekten

Wolfgang Rohe

Die Brutbilder der wichtigsten Forstinsekten

Feldbestimmungsschlüssel für Deutschland, Österreich und die Schweiz

2., überarbeitete und erweiterte Auflage

Quelle & Meyer Verlag Wiebelsheim

Die Angaben in diesem Buch sind vom Autor und dem Verlag sorgfältig erwogen und geprüft, dennoch kann keine Garantie übernommen werden. Eine Haftung des Autors bzw. des Verlags und seiner Beauftragten für Personen-, Sach- und Vermögensschäden ist ausgeschlossen.

Bibliografische Information der Deutschen Nationalbibliothek
Die Deutsche Nationalbibliothek verzeichnet diese Publikation in der Deutschen Nationalbibliografie; detaillierte bibliografische Daten sind im Internet über http://dnb.d-nb.de abrufbar.

2., überarbeitete und erweiterte Auflage

www.quelle-meyer.de

Umschlagabbildungen: Wolfgang Rohe außer U1: Holger Gröschl (Riesenholzwespe), James K. Lindsey (Buchdrucker), Siga/Wikimedia Commons (Fichtensplintbock)
Druck und Verarbeitung: TZ-Verlag & Print GmbH
Printed in Germany/Imprimé en Allemagne
ISBN 978-3-494-01975-8

Inhaltsverzeichnis

Einleitung

Waldökosysteme entwickelten sich über einen Zeitraum von ca. 300 Millionen Jahren. Die Wechselwirkungen zwischen Insekten, deren Endosymbionten im Verdauungstrakt, Pilzen sowie Bäumen waren und sind darin von zentraler Bedeutung für den Stoffhaushalt. Über den langen Zeitraum der Koevolution konnten sich vielfältige Prozesse der Remineralisation und Regulation herausbilden. Die hohe Artenzahl von Habitatspezialisten im Wald spiegelt die Vielfalt der Holzlebensräume wider. Rund 1500 Pilzarten und 1340 Käferarten gehören zum lebenden Inventar der mitteleuropäischen Holzlebensgemeinschaften. Wir finden Insekten und Pilze im Boden, an den Wurzeln, in der Streuschicht, im Moos, in der Kraut- und in der Strauchschicht, am Stamm, in Baumhöhlen sowie in der Baumkrone.

Waldinsekten und -pilze verändern kontinuierlich die Waldstruktur. Sie schaffen Lichtfenster durch Entnahme geschwächter Bäume; sie verteilen Nährstoffe, verbessern die Wasserversorgung und die Bodendurchlüftung. Sie transportieren Pflanzensamen im windarmen Waldesinneren und sie können den zyklischen Wechsel der Gehölzartenzusammensetzung auslösen. Die Verbesserung der Nährstoffversorgung bewirken Insekten, indem sie spezifische Pilze zum geeigneten Holz tragen und damit eine beschleunigte Freisetzung der gebundenen Nährstoffe initiieren. Die von Insekten angelegten Brutbilder erleichtern Holzpilzen den Zutritt in tiefere Schichten der Stämme. Die gleichzeitige Verbesserung der Sauerstoffzufuhr im Holzinneren fördert deutlich das Pilzwachstum. Zusätzlich wird die wirksame Oberfläche des Holzsubstrates durch die oft mehrjährige Nagetätigkeit drastisch erhöht. Hinzu kommen Verdauungsenzyme der Endosymbionten der Insekten sowie deren Abbauprodukte. Die umgesetzten Mengen der Einzeltiere sind beachtlich. Der in Mulmhöhlen lebende Marmorierte Rosenkäfer (*Protaetia lugubris*) verarbeitet in seiner dreijährigen Entwicklungszeit bis zu 370 g Trockensubstanz (Frischgewicht ca. 1000 g) an verpilztem Holz und Mulm.

Im Gegensatz zur winterlichen Holzernte durch den Menschen findet die Nahrungsaufnahme der Insekten während der Vegetationsphase statt. Insofern können die Bäume die freigesetzten Mineralien (z. B. Kalium, Magnesium und Calcium) sofort wieder über die Wurzeln aufnehmen. Dies wirkt dem Nährstoffverlust im Waldökosystem entgegen.

Die anthropozentrische Einteilung in Schädlinge und Nützlinge ist überholt. Insekten nutzen ihre Chancen. Sie bevorzugen geschwächte Bäume oder Totholz. Diese Schwäche kann z. B. durch Fehler bei der Anpflanzung, durch falsche Standortwahl, durch Baumbeschädigung bei der Holzernte oder in Parkanlagen durch Anfahren der Bäume beim Rasenmähen geschehen. Aber auch die großen menschlichen Fehler wie z. B. der anthropogen verursachte Klimawandel sowie die Bodenversauerung führen zu einem umfangreichen Angebot an vorgeschädigten Bäumen und Wäldern. Insekten nehmen sehr wichtige Aufgaben im Ökosystem Wald war. Die Baumbewohner z. B. beschleunigen das Absterben der kranken Bäume und den anschließenden Abbau des Totholzes. Dadurch wird die Bodenfruchtbarkeit wesentlich erhöht. Ohne Insekten gäbe es unsere Wälder in der heutigen Ausprägung nicht. Der Wald benötigt also Insekten für sein Wachstum und seine Dynamik. Insekten sind landschaftsprägend. Eine produktive naturnahe Forstwirtschaft ist nur mit und nicht gegen Insekten möglich. Die bekannten Ansprüche und Wechselwirkungen der Insekten untereinander können gezielt genutzt werden. Eine Förderung zum Beispiel von Waldameisen (*Formica*) ist von erheblichem Vorteil für die Waldhoniggewinnung, die Bodenauflockerung sowie Bodenfruchtbarkeit und führt in kurzer Zeit zu einer Erhöhung der Biodiversität. Wir sprechen deshalb von Schlüsselarten, das heißt diese Spezies bewirken vielfältige Effekte im Ökosystem. Ein Verlust solcher Arten führt zu einer Degradation und erhöhten Instabilität. Hinzu kommen immer mehr eingeschleppte Arten, die ohne effektive Gegenspieler katastrophale Auswirkungen haben können.

Neben den ökosystemaren Funktionen der Insekten sind sie als Nahrungsgrundlage für viele weitere Tiergruppen von existenzieller Bedeutung. Amphibien, Reptilien, Vögel und Säugetiere sind auf die Kerbtiere als Nahrungsbasis angewiesen.
Eine wesentliche Grundlage zur Beschreibung der Waldökosysteme und deren nachhaltiger Bewirtschaftung sind die Kenntnisse zu den vorkommenden Arten. Mit Brutbildern kann man ganzjährig diese Arten und auch deren Dichte ermitteln. Dazu soll diese handliche Hilfe dienen.
Der Feldbestimmungsschlüssel ermöglicht die Erkennung der Brutbilder der häufigsten Waldinsekten sowie einiger Arten mit forstwirtschaftlicher oder naturschutzfachlicher Bedeutung. Für die Art-Ansprache im Gelände sind Grundkenntnisse zu unseren Waldbäumen erforderlich. Insbesondere die Rinde sollte ebenfalls bekannt sein. Bei einigen Spezies benötigt man für die Artidentifikation das adulte Tier.
Sicherlich haben manche Leser sehr umfangreiche Kenntnisse zu unseren baumbewohnenden Insekten im Wald und in Parkanlagen. Auch ändern sich die Lebensweisen und Vorlieben der Kerbtiere. Ich wäre deshalb für jede Nachricht, Ergänzung oder Kritik dankbar: wolfgang.rohe@hawk.de

Danksagung

Ich danke den Niedersächsischen Landesforsten, den Bundesforsten und dem Privatwald für die Bereitstellung von vielseitigem und umfangreichem Anschauungsmaterial und ebenso den Abteilungen Entomologie I & II des Senckenberg Forschungsinstituts in Frankfurt a. M. für die Nutzung der wissenschaftlichen Sammlungen.
Auch der Abteilung Holzbiologie und Holzprodukte sowie insbesondere der Abteilung Forstzoologie und Waldschutz der Georg-August-Universität Göttingen möchte ich meinen Dank aussprechen.
Der größte Dank gebührt meiner Familie für den Verzicht auf viele gemeinsame Stunden und die nachhaltige Unterstützung.

Die Lebensweisen der baumbrütenden Forstinsekten

Für völlig gesunde Bäume besteht in der Regel keine Gefahr durch den Befall von Insekten. Eine vitale Fichte kann sich durchaus dem Angriff durch Borkenkäfer wie dem Buchdrucker erwehren. Der männliche Käfer probiert ein Loch zu bohren und wird dabei durch den Harzfluss abgewehrt. Diesen Harztropfen kann er nicht durchbohren. Ist die Fichte dagegen geschwächt, sprich zeigt sie eine Prädisposition, so kann sich der Buchdrucker einbohren und eine Rammelkammer anlegen. In das erste Bohrmehl mischt er körpereigene Substanzen bei und lockt so weitere Artgenossen an. Dabei profitiert er in zweifacher Hinsicht: er lockt potenzielle Kopulations-Partnerinnen und weitere Männchen an. Diese bohren ebenfalls die Fichte an und schwächen dadurch zusätzlich den Wirtsbaum. So hat der Lockstoffsender bei der weiteren Anlage des Brutbildes eine geringere Abwehrreaktion durch die Fichte zu erwarten. Sind genügend Buchdrucker vorhanden (ca. 2000 Tiere) dann kann auch die Abwehr einer vitalen Fichte überwunden werden. Dies ist bei Massenvermehrungen (Gradationen) die Regel. Ist der Baum allerdings geschwächt, genügen deutlich weniger Insekten für den erfolgreichen Erstbefall. Die dazu erforderliche Anzahl an Insekten ist vom Zustand des Baumes abhängig. Die Vitalität eines Baumes wird durch verschiedenartige Beschädigungen des Wurzelsystems (Sturmeinwirkung, Wurzelfraß von Insekten oder Nagetieren, Bodenverdichtung oder -versiegelung, Bodenversauerung), des Stammes (Bruch, Fällungsschäden, Sonnenbrand, Wild- und Nagerschäden, optimierbare Sanierungsmaßnahmen, Anfahrschäden) und der Krone- (Sturmbruch, Schneebruch, Insektenfraß an Nadeln bzw. Blättern, unsachgemäße Kronenbehandlung) unmittelbar beeinträchtigt. Hinzu kommen Witterungsextreme wie hohe Temperaturen und langanhaltende Dürre. Der dadurch herbeigeführte Zustand einer mehr oder weniger starken physiologischen Schwächung (Disposition) macht den Baum geeignet für den Insekten-Befall. Die Insekten dagegen werden durch erhöhte Temperaturen in ihrer Entwicklung gefördert und können immer öfter mehrere Generationen pro Jahr ausbilden.

Der Begriff xylobiont (holzbewohnend) deckt neben den direkt von der toten Holzmasse lebenden Käfern auch solche Arten ab, die im Zuge des natürlichen Zersetzungsprozesses unter sich lösender Rinde, im Mulm von Stammhöhlungen und an den sich entwickelnden Pilzen leben. Hinzu kommen die auf diese Arten und andere xylobionte Tiere spezialisierten Prädatoren, die Nutzer von Saftflüssen, sowie die Besiedler von Wespen- und Vogelnestern. Die Habitatbindung der Arten wird über die ökologischen Ansprüche der wenig mobilen Larven definiert. Die in großem Umfang zur Verfügung stehende Nahrungsreserve Holz können nur wenige Insekten mit eigenen Enzymen verdauen. Insofern sind die meisten Insekten auf eine Symbiose mit Holz verdauenden Pilzen und Mikroorganismen angewiesen.

Unter den Insektenordnungen haben insbesondere Käfer (Coleoptera), Schmetterlinge (Lepidoptera) und Hautflügler (Hymenoptera) das Baumholz als Lebensraum entdeckt. In der Ordnung der Käfer sind die Familien der Rüsselkäfer mit den Borkenkäfern, die Bockkäfer und die Prachtkäfer hervorzuheben. Unter den Hautflüglern sind die Ameisen und die Holzwespen die wichtigsten Holzzersetzer. Die sozialen Faltenwespen (z. B. Hornissen) nagen Rinde von Zweigen bzw. von Stämmchen junger Laubbäume ab (Nahrungserwerb; siehe Abb. 1) oder raspeln in geringer Menge Holz von Oberflächen ab (siehe Abb. 2 und Abb. 3), um damit ihre Kartonnester zu bauen. Diese wiederum werden von manchen Wespenarten in Baumhöhlen, jagdlichen Einrichtungen oder Häusern freihängend gebaut. Hornissen sind nach BArtSchV (Anhang 1) und BNatSchG (§ 44) in Deutschland besonders geschützt. Die Ameisen (Formicidae) bilden sehr volkreiche (z. B. die Schwarzglänzende Holzameise – *Lasius fuliginosus*) aber auch individuenarme Nester aus (z. B. die Artengruppe der Schmalbrustameisen [Leptothorax]). Weitere Baumbewohner sind Rossameisen (Camponotus), die Stöpselkopfameise (*Camponotus* [Synon. *Colobopsis*] *truncatus*) und die Vierfleckige Drüsen-

Nageschäden durch Hornissen (Vespa crabro) an jungen Stämmchen.

Eine Hornissen-Arbeiterin (Vespa crabro) schabt mit ihren Mandibeln an einem Baumstumpf Holz ab. Zwischen Kopf und Vorderbeinen ist eine Kugel aus Holzschabeteilchen zu sehen. Dieses Material wird zum Kartonnestbau verwendet.

Die Hornissen-Schabestelle (Vespa crabro); siehe Abb. 2 am Fichtenstumpf.

ameise (*Dolichoderus quadripunctatus*). In hoher Stetigkeit findet man im Holz die Schwachbärtige Holzameise (*Lasius platythorax*) und die Scheue Zweifarben-Holzameise (*Lasius brunneus*) sowie die Gemeine Hilfsameise (*Formica* [Synon. *Serviformica] fusca*). Die Insektenfamilie kann allerdings in diesem Feldführer nicht angemessen berücksichtigt werden. Die Zweiflügler (Diptera) spielen kaum eine Rolle als Holzbewohner.

Holzbrütende Insekten können besonders in Nadelholz-Monokulturen beeindruckende Vermehrungsraten erreichen. Die traditionelle Holzproduktion kann dadurch gravierende wirtschaftliche Verluste erleiden. Die wichtigsten Insekten sind dabei meist die **Borkenkäfer**. Die meisten Borkenkäferarten kommen auf Nadelbäumen vor. Borkenkäferarten mit nur einer Spezies als Wirtspflanze (monophage Arten) treten relativ selten auf, z. B. der Birkensplintkäfer (*Scolytus ratzeburgi*) in Birke. Wesentlich häufiger finden wir sie bevorzugt auf einer Baumart sowie auf einigen weiteren Baumarten. Polyphage Borkenkäfer können entweder alle Nadelbäume oder alle Laubbäume befallen und erfolgreich in ihnen brüten. Polyphagie ist bei den Borkenkäferarten, die Laubbäume besiedeln, eine häufigere Erscheinung. Eine noch stärkere Polyphagie zeigen der Kleine Holzbohrer (*Xyleborus saxeseni*) und der Kirschbaumborkenkäfer (*Polygraphus grandiclava*). Diese Arten können erfolgreich Laub- und Nadelbäume besiedeln.

Kommt es zum Befall der Bäume, so verhalten sich die einzelnen Borkenkäferarten hinsichtlich der Wahl der für die Anlage der Brut geeigneten Baumregion unterschiedlich. Manche Arten besiedeln beispielsweise nur die Stammteile im Bereich dünnerer Rinde (z. B. der Kleine Waldgärtner – *Tomicus minor*), andere legen nur in flachstreichenden Wurzeln oder am Wurzelhals jüngerer Bäume ihre Bruten an (z. B. Bastkäfer aus der Gattung *Hylastes*), weitere Arten gehen ausschließlich in dünnste Zweige und werden fast nie an anderen Baumteilen gefunden.

Die Anzahl der abgelegten Eier bei Borkenkäfern liegt je nach Art zwischen 10 bis 12 (*Cryphalus* spec.) und bis zu 300 Stück beim Riesenbastkäfer (*Dendroctonus micans*). Die für die einzelnen Arten mögliche Eizahl wird in vielen Fällen nicht erreicht. Die beachtlichen Schwankungen der Eizahlen bei den einzelnen Arten bewirken entsprechende Unterschiede in der Form der Brutbilder.

Normalerweise legt jede Larve ihren eigenen Fraßgang an. Nur bei einer europäischen Borkenkäferart, dem Riesenbastkäfer (*Dendroctonus micans*), fressen die Larven, ausgehend von den Eiablagestellen, gemeinsam in breiter Linie einen flachen und mit Bohrmehl sowie Kot gefüllten Raum in das umgebende Rindengewebe.

4

Die große Gemeinschaftskammer der Riesenbastkäferlarven (Dendroctonus micans).

Die aus den Puppenwiegen schlüpfenden Jungkäfer führen einen für viele Arten mehr oder weniger typischen Reifungsfraß durch, der von wenigen Tagen bis zu mehreren Wochen dauern kann. Dabei werden bei bestimmten Arten von den Puppenwiegen ausgehende, unregelmäßige Gänge genagt, die zur allmählichen Zerstörung des ursprünglichen Brutbildes führen (z. B. beim Buchdrucker – *Ips typographus*). Jungkäfer anderer Arten verlassen sofort die Brutstätten, um sich in meist gesunde Teile derselben Baumart einzubohren. So befallen beispielsweise bei den Waldgärtner-Arten die

Jungkäfer die Triebspitzen gesunder Kiefern, um hier einen im Mark verlaufenden Fraßgang anzulegen. Durch Abfallen der Triebe werden die Wipfel der Kiefern stark gelichtet, wodurch die Kronen wie mit der Schere zurechtgeschnitten erscheinen („Waldgärtner"). Die Weibchen der Borkenkäfer unterbrechen in unregelmäßigen zeitlichen Abständen die Eiablage, um einen Ernährungs- oder Regenerationsfraß vorzunehmen. Dazu verlängern sie bei manchen Arten den Muttergang durch einen eifreien Abschnitt („Witwengang"). Sie legen auch vom Muttergang abzweigende, kurze Gänge in das umliegende Rindengewebe an oder nagen am Ende des Mutterganges buchtenartige Erweiterungen.
Die zweite wichtige Käfergruppe sind die **Bockkäfer**. Sie sind wesentlich größer als die Borkenkäfer. Die meisten xylophagen Bockkäfer-Arten entwickeln sich in Laubbäumen (64 %), 24 % in Nadelbäumen und 12 % in Nadel- und Laubbäumen. Die Larven können sich nur von Rinde, von Rinde und Holz oder nur von Holz ernähren. Eine Zuordnung zu den weiter unten beschriebenen Kategorien „Rindenbrüter" und „Holzbrüter" ist deshalb nicht so einfach wie bei den Borkenkäfern. Die Fraßbilder der Bockkäferlarven sind oft charakteristisch und von den Fraßbildern anderer Holzinsekten gut unterscheidbar. Die Fraßgänge sind im Querschnitt überwiegend queroval und das vorhandene Genagsel ist niemals wolkig angeordnet wie beispielsweise bei den Prachtkäfern (Buprestidae). Die Artbestimmung ist in der Regel nicht möglich, weil die Brutbilder nicht so arttypisch sind wie bei den Borkenkäfern (Scolytinae). Für die Artansprache sind die Käfer erforderlich. Die Bockkäferfraßbilder kann man in spezifische Artengruppen unterteilen:

- Zwischen Rinde und Splint verlaufende flache Mäandergänge, z. B. die Splintböcke (Tetropium)
- Platzgänge, z. B. der Erzfarbene Scheibenbock (*Callidium aeneum*), die Langhornböcke (Monochamus) und der Kiefernzweigbock (*Pogonocherus fasciculatus*)
- Unregelmäßig angelegte Gänge im Holzinneren, z. B. der Mulmbock (*Ergates faber*), die Blütenböcke (Leptura), der Heldbock (*Cerambyx cerdo*), der Hausbock (*Hylotrupes bajulus*), der Große Pappelbock (*Saperda carcharias*) und der Weberbock (*Lamia textor*).

Zusätzlich treten Gallen und Minen auf. Hier wird nicht auf Minierer, aber auf die Gallenbildung am Stamm eingegangen (Schlüssel C), z. B. beim Kleinen Pappelbock (*Saperda populnea*). Die Art besiedelt meist die Zitterpappel (*Populus tremula*), aber auch weitere Pappel- und Weidenarten. Die Galle besteht aus Zellwucherungen des Pflanzengewebes, die die Pflanze als Antwort auf die Fraßtätigkeit der Larve bildet. Das Gewebe der Galle ist das Nährsubstrat der Käfer-Larve.
Die Inhaltsstoffe von Bäumen sind schwer verdaubar. Deshalb sind nicht alle holzbewohnenden Insekten (Xylobionten) auch holzfressende Insekten (Xylophage). Die Insekten haben zwei verschiedene Strategien entwickelt. Die sogenannten Holzbrüter (z. B. Sägehörniger Werftkäfer, Riesenholzwespe) bohren Gänge in das Holz und legen einen Pilzrasen an. Von diesem Myzel („Ambrosiapilz") ernähren sie sich ausschließlich (Ektosymbiose). Die Gangsysteme müssen nicht sehr weiträumig sein. Ebenfalls Pilzverdauer sind die Mulmhöhlen-Bewohner (z. B. Eremit). Diese legen aber kein Brutbild an. Die zweite Strategie (Rindenbrüter) ist die Aufnahme von möglichst viel Kambiumgewebe (Bastschicht) und die Verdauung mithilfe von Endosymbionten im Verdauungstrakt (z. B. die Gruppe der Borkenkäfer) oder eigener Enzyme (seltener). Die verschiedenen Strategien spiegeln sich in den Brutbildern wider.

Rindenbrüter

Die Rindenbrüter ernähren sich aus dem unter der toten Borke liegenden, noch lebenden oder in fortschreitendem Abbau befindlichen Rindengewebe/Bastschicht. Sie sind weit verbreitet, ausbreitungsstark und mit vielen Arten in bewirtschafteten Wäldern aufgrund ihrer geringeren Ansprüche an die Dimension des Holzes (z. B. auch in Form von Baumkronenreste) vertreten.

Die meisten europäischen **Borkenkäfer** gehören dieser Gruppe an. Dazu gehören auch die Arten, deren Larven nach Beendigung ihres Fraßes in der Rinde mehr oder weniger tief in die äußeren Schichten des Holzkörpers eindringen, um ihre Puppenwiegen anzulegen oder den Reifungsfraß zu vollenden. Für die Insekten existieren unter der Rinde sehr gute mikroklimatische Verhältnisse und es stehen umfangreiche Nahrungsressourcen zur Verfügung. In Verbindung mit einer hohen Flexibilität der Vermehrungsrate können diese Arten innerhalb eines Jahres sehr hohe Populationsdichten erreichen und größere Waldgebiete befallen. Dadurch sind sie in der Lage, in kurzer Zeit Landschaften zu verändern.

5

Größenvergleich rindenbrütender Borkenkäfer an Fichte. Von links nach rechts: Riesenbastkäfer (Dendroctonus micans), Zottiger Fichtenborkenkäfer (Dryocoetes autographus), Kleiner Achtzähniger Fichtenborkenkäfer (Ips amitinus), Buchdrucker (Ips typographus), Kupferstecher (Pityogenes chalcographus), Kleiner Fichtenbastkäfer (Polygraphus poligraphus), Dunkelbrauner Fichtenbastkäfer (Hylurgops glabratus), Gelbbrauner Fichtenbastkäfer (Hylurgops palliatus), Haarstirn-Borkenkäfer (Pityophthorus micrographus), und Fichtenbastkäfer (Xylechinus pilosus).

Der Befall der Bäume durch rindenbrütende Borkenkäfer ist äußerlich erkennbar an Harz-Tröpfchen bzw. an ausfließendem Baumsaft und dem Auswurf dunklen, rindenfarbenen Bohrmehls aus den meist unter Borkenschuppen verborgenen, schräg nach oben führenden Einbohrlöchern. Durch diese Neigung kann das Bohrmehl besser herausfallen. Bei liegenden Stämmen ist deshalb oft der Anfangsteil des Brutbildes verändert. Das Brutsystem der Rindenbrüter wird überwiegend in der Bastschicht der Rinde angelegt, wobei je nach Insektenart die Gänge unterschiedlich stark den Splint schürfen.
Das Gangsystem (= Brutbild oder Fraßbild) der Borkenkäfer besteht aus den von den Elternkäfern bzw. dem weiblichen Käfer allein angelegten Gängen: Eingangsröhre, eventuell Rammelkammer und Muttergänge mit Einischen. Hinzu kommen die Fraßgänge der Larven, Puppenwiegen, Reifungsfraßgänge der Jungkäfer (die die Puppenwiegen oft vollständig zerstören), und die kreisrunden Ausflugslöcher der Jungkäfer, die im Gegensatz zu den selten sichtbaren Einbohrlöchern der Altkäfer senkrecht durch die Rinde nach außen führen und gut sichtbar sind. Zur Kopulation innerhalb des Brutsystems kommt es regelmäßig bei polygamen Arten z. B. der Gattungen Ips, Polygraphus, Pityogenes, Pityophthorus, Pityokteines. Bei diesen fliegen die Männchen zuerst an den Baum, bohren in die Rinde und legen eine Rammelkammer (Begattungsraum) an. Mehrere, nacheinander ankommende Weibchen werden von dem Männchen begattet (Polygamie). Jedes Weibchen nagt, von der Rammelkammer ausgehend, seinen eigenen Muttergang in das Rindengewebe und beginnt mit der Eiablage. Das Männchen unterstützt die Weibchen beim Entsorgen des anfallenden Bohrmehls. Dafür weisen die Käfer spezifische Strukturen auf. Am Körperende ist ein meist unbehaarter Absturz vorhanden und die kräftige abstehende Körperbehaarung ist nach hinten geneigt. So können die Tiere sehr effektiv das Bohrmehl nach hinten drücken sowie bürsten und aus dem Brutsystem entfernen. Zu Beginn sind die Larvengänge sehr schmal und werden mit zunehmender Larvengröße breiter. Anfangs gehen sie rechtwinklig vom Muttergang ab. Diese Ausrichtung wird aber meist nach kurzer

Strecke aufgrund von harten Rindenteilen oder anderen Hemmnissen aufgegeben. Dabei kommt es oft zu Überschneidungen der Larvengänge. Deren Länge kann selbst bei nah verwandten Arten sehr verschieden sein. Am Larvengangende wird die Puppenwiege angelegt. Diese kann dicht unter der Rindenoberfläche liegen. So muss der Jungkäfer nur noch eine dünne Lamelle durchnagen (Großer Waldgärtner – *Tomicus piniperda*). Oder die Larve nagt ein Loch durch die Rinde und verstopft es mit grobem Genagsel (Gelbbrauner Fichtenbastkäfer – *Hylurgops palliatus*). Ansonsten nagt jeder Jungkäfer sein Ausflugsloch selbst.
Nach Form und Orientierung der Muttergänge in Bezug auf die Richtung des Faserverlaufes des Holzes sowie der Anlage der Muttergänge durch monogame oder polygame **Borkenkäferarten** lassen sich folgende Brutbildtypen der Rindenbrüter unterscheiden:

I Röhrenförmige Muttergänge der Rindenbrüter
- Einarmige Längsgänge (einarmiger Lotgang): der Muttergang verläuft mehr oder weniger senkrecht nach oben oder unten; z. B. der Große Waldgärtner (*Tomicus piniperda*), Hylastes spec., der überwiegende Teil der Scolytus-Arten.
- Mehr- oder zweiarmige Längsgänge (doppelte Lotgänge): von der Rammelkammer verlaufen die Muttergänge (Arme) entweder nach oben oder unten; z. B. der Buchdrucker (*Ips typographus*) (dreiarmige Variante wird auch Gabelgang genannt), der Kleine Achtzähnige Fichtenborkenkäfer (*Ips amitinus*), der Zwölfzähnige Kiefernborkenkäfer (*Ips sexdentatus*), der Sechszähnige Kiefernborkenkäfer (*Ips acuminatus*) und der Thujenborkenkäfer (*Phloeosinus thujae*).
- Einarmige Quergänge (einarmige Waagegänge): der Muttergang verläuft in der Waagrechten; z. B. der Eichensplintkäfer (*Scolytus intricatus*).
- Zweiarmige Quergänge (Klammergänge, zweiarmige Waagegänge): z. B. der Kleine Waldgärtner (*Tomicus minor*) und der Bunte Eschenbastkäfer (*Hylesinus fraxini*).
- Quersterngänge: von der Rammelkammer strahlen die Muttergänge zuerst in alle Richtungen aus, aber nach kurzer Strecke richten sie sich waagrecht aus; mit mehr als 3, überwiegend quer zur Faserrichtung verlaufenden Muttergängen: z. B. der Krummzähnige Tannenborkenkäfer (*Pityokteines curvidens*).
- Typische Sterngänge: die Muttergänge gehen strahlenförmig von der Rammelkammer aus und verändern nicht oder nur wenig ihre Richtung, mit mehr als 3 speichenartig auseinandergehenden Muttergängen: z. B. der Kupferstecher und weitere Pityogenes-Arten sowie der Furchenflügelige Fichtenborkenkäfer (*Pityophthorus pityographus*) und weitere Pityophthorus-Arten.

II Platzförmige Muttergänge der Rindenbrüter
- Platzgänge mit strahlenförmig angeordneten Larvengängen: Fraßgänge der Larven deutlich getrennt vom mütterlichen Platzfraß abgehend: z. B. *Cryphalus piceae*
- Platzgänge mit Erweiterung des mütterlichen Platzfraßes durch die Larven in breiter Front: Familienfraß: z. B. *Orthotomicus laricis*, Riesenbastkäfer (*Dendroctonus micans*).

Durch Raummangel im Brutsubstrat oder durch Anlage des Brutbildes in ungeeigneten Bäumen können die Brutbilder stark modifiziert sein. Dies erschwert deutlich die Bestimmung.

Holzbrüter

Bei Holzkäfern handelt es sich mit Ausnahme einiger in den Gängen anderer Käfer lebender Prädatoren in erster Linie um Käfer mit Larvalentwicklung und Verpuppung im Holzkörper. Meist wird bereits geschädigte oder tote Holzsubstanz verwertet. Nur wenige Arten sind Frischholzbesiedler, die gesunde Bäume befallen.

Die Splintkäfer (Lyctidae) haben sich auf die Stärke-Verdauung spezialisiert. Infolgedessen sind sie auf das Splintholz beschränkt und bevorzugen Laubhölzer, die einen höheren Stärkegehalt aufweisen als Nadelhölzer. Sie züchten keine Pilze in ihrem Gangsystem.

Alle anderen Holzbrüter legen ihre Brutsysteme ebenfalls nur im Holzkörper an, ernähren sich aber als Imagines und Larven ausschließlich vom Myzel der die Gangwände auskleidenden Pilze (Ektosymbiose), die als Ambrosia-Pilze bezeichnet werden (xylo-mycetophage Insekten). Die Insekten säen diese Pilze in ihren Bruthöhlen aus und leben von den Pilzzellen, die sich in den Gängen bilden. Für den spezifischen Transport ihrer Ektosymbionten haben die Adulttiere und/oder die Larven im Außenskelett eingetiefte Behälter (Mycetangien). Einige Borkenkäfer- und Holzwespen-Arten, alle Vertreter der Kernholzkäfer (Platypodidae) und der Sägehörnige Werftkäfer (*Hylecoetus dermestoides*) züchten in ihren Fraßgängen Ambrosiapilze.

Der Befall von Bäumen durch holzbrütende **Borkenkäfer** ist äußerlich an den in der Regel radial in den Holzkörper führenden Einbohrlöchern sowie dem Auswurf hellen, holzfarbenen Bohrmehls erkennbar. Die ausschließlich vom weiblichen Käfer angelegte Eingangsröhre führt je nach Käferart mehr oder weniger tief in den Holzkörper. Von ihr gehen Gänge aus, die Brutröhren, in denen die Eiablage und bei den meisten Arten der Holzbrüter auch die gesamte Entwicklung der Brut stattfindet. Grundsätzlich unterscheiden sich diese Brutbilder von denen der Rindenbrüter durch die entweder sehr geringe Ausbildung oder durch völliges Fehlen von Larvengängen sowie durch das Fehlen von Ausfluglöchern der Jungkäfer, da diese das Brutbild nur durch die vom Mutterkäfer gefertigte Eingangsröhre verlassen. Die holzbrütenden **Borkenkäfer** sind als Imagines xylo-mycetophag und als Larven ausschließlich mycetophag (Pilzfresser). Bei den Holzbrütern lassen sich folgende Brutbildtypen unterscheiden:

- Leitergänge/Leitersprossen: Von der Eingangsröhre gehen nach beiden Seiten horizontale Brutröhren aus, die oft den Jahrringen folgen. Von den oben und unten in regelmäßigen Abständen angelegten Einischen nagen die Larven selbst nach oben und unten kurze Gänge; z. B. Laubnutzholzborkenkäfer (*Trypodendron domesticum*) und der Gestreifte Nutzholzborkenkäfer (*T. lineatum*).
- Holz-Familiengänge: Die vom Mutterkäfer angelegte Eingangsröhre wird durch gemeinsamen Fraß der Larven nach oben und unten platzartig erweitert; z. B. Kleiner Holzbohrer (*Xyleborinus saxeseni*).
- Gabelgänge in einer Ebene: Von der Eingangsröhre gehen horizontal unverzweigte oder verzweigte Brutröhren nach verschiedenen Richtungen in einer Ebene aus. In ihnen werden die Eier in unregelmäßigen Häufchen abgelegt, und die gesamte Larvenentwicklung und Puppenbildung spielt sich in ihnen ab; z. B. Kleiner Schwarzer Nutzholzborkenkäfer (*Xyleborus monographus*) sowie der Gekörnte Nutzholzborkenkäfer (*X. dryographus*).
- Gabelgänge in verschiedenen Ebenen: Von der radial ins Holz führenden Eingangsröhre gehen horizontale und schräge Brutröhren nach verschiedenen Richtungen aus. Von diesen werden nach oben und unten sogenannte sekundäre Brutröhren vorgetrieben. In allen Brutröhren findet Eiablage und Entwicklung bis zum Jungkäfer statt; z. B. Ungleicher Holzbohrer (*Anisandrus dispar*).

Für die Pilzzucht müssen spezielle Bedingungen im Holzkörper herrschen. Obwohl die meisten Holzbrüter in vielen Baumarten vorkommen, schränkt diese enge Abhängigkeit von der pilzlichen Nahrung das Vermehrungspotenzial ein. Deshalb führen sie meist zum Absterben einzelner Bäume oder Baumgruppen, aber nicht zum Verlust ganzer Wälder.

Höhlenbrüter

Spechte sind für die Bildung von Baumhöhlen von besonderer Bedeutung. Insbesondere die Schlüsselart Schwarzspecht schafft jedes Jahr mehrere neue Höhlen. Diese geräumigen Lebensräume bieten langfristige und vielseitige Lebensbedingungen im Laufe ihrer Existenz. Auch die Folgenutzer der Höhlen wie z. B. Fledermäuse, Vögel, staatenbildende Insekten (Wespenarten, Honigbienen) und viele weitere Tiergruppen tragen immer wieder organische Substanz ein. Dieses Substrat und das Stammholz werden durch Mikroorganismen umgesetzt. Dadurch entsteht Mulm. Mulm ist ein Sammelbegriff für feinkörniges, manchmal staubförmiges, biochemisch und mechanisch verändertes Holzsubstrat. Er entsteht durch meist lang andauernde Umwandlungsprozesse hauptsächlich aus Stammholz. Er ist Lebensraum für viele Gliedertiere. Mulmkäfer (xylodetriticole Arten) besiedeln dieses Substrat und finden sich insbesondere in den Mulmansammlungen stärker dimensionierter, hohler Bäume, oft auch in Verbindung mit den Nestern holzbewohnender Ameisen (z. B. *Lasius brunneus*) oder Wespen (z. B. Feldwespen und Echte Wespen). Sie sind charakteristisch für die Zerfallsphase des Waldes und aus diesem Grund findet sich unter ihnen ein besonders hoher Anteil gefährdeter und seltener Arten. Auch der im Anhang II der FFH-Richtlinie der EU als besonders schützenswert eingestufte Eremit (*Osmoderma eremita*) ist ein Mulmbewohner. Einige Mulmbewohner ernähren sich von den darin vorkommenden Pilzen. Die Käfer haben keine Bindung an bestimmte Pilzarten (im Gegensatz zu den holzbrütenden Borkenkäfern und Werftkäfern mit ihren Ambrosia-Pilzen). Das Vorkommen zahlreicher Mulmkäferarten kann demnach als ein guter Indikator für einen naturnahen Wald mit einem ausreichenden Angebot an „urwaldtypischen" Strukturelementen (Ausfaulungen, Stammhöhlen usw.) gewertet werden.

Die aus Nordamerika stammenden Waschbären (*Procyon lotor*) können hervorragend klettern. Sie suchen gezielt solche Höhlen auf und durchsieben mit ihren geschickten Vorderpfoten das Höhlensubstrat. So finden sie sehr sicher Eremitenkäfer, deren Larven und Puppen sowie weitere naturschutzrelevante Arten (wie z. B. Rosenkäfer und deren Entwicklungsstadien). Dabei scharren sie den Mulm aus der Höhle. Am Stammfuß kann man dann den Auswurf mit dem typischen Insektenkot und die Reste der streng geschützten Eremiten finden. Dadurch können Käferpopulationen bestandsbedrohend geschwächt werden.

6 *Eremitenkot in Mulm aus dem Höhlenauswurf eines Waschbären*

Es gibt auch unterirdische Höhlen mit Anschluss an das Erdreich. Diese werden z. B. von Hirschkäfer- und Nashornkäferlarven bewohnt. Die Larven ernähren sich direkt von weißfaulem Holz. Die Larven des Hirschkäfers z. B. ernähren sich nach dem Schlüpfen zunächst von Humusteilchen, anschließend drei bis acht Jahre lang von in Zersetzung befindlichem, morschem, feuchtem und verpilztem Holz, das sie mit der Zeit zu Mulm umsetzen. Im September des letzten Larvaljahres verpuppt sich die Larve außerhalb des Stockes. In einer Puppenwiege erfolgt die Metamorphose. Die Imago schlüpft im Folgejahr. Der ausgewachsene Hirschkäfer dagegen ernährt sich von Baumsäften (succicole Art). Ein typisches dauerhaftes Brutbild wird von den Höhlenbrütern nicht erzeugt. Es werden zwar hinfällige Larvengänge im Substrat angelegt, diese können aber nicht geborgen werden. Die Larven bilden auch Überwinterungs-/Verpuppungskokons aus dem umgebenden Höhlenmaterial. Dies ist aber nicht artcharakteristisch. Lediglich die Hirschkäferlarven nagen Gänge ins Wurzelholz. Die Höhlenbewohner sind deshalb überwiegend nur über die Larven bestimmbar. Ein entsprechender Schlüssel ist in diesem Feldbestimmungsführer nicht enthalten.

Zur Benutzung des Schlüssels

Die Benutzung des Schlüssels setzt die richtige Zuordnung der Wirtspflanze zu Nadel- oder Laubbäumen voraus. Im weiteren Verlauf ist auch öfters die Baumgattung gefragt. Diese Kenntnisse sollten vorhanden sein.
Manches Brutbild allerdings verrät einem sogar, um welchen Baum es sich handelt, d. h. Brutbilder können sehr spezifisch sein. Umgekehrt ist es aber auch oft der Fall, dass eine Insektenart auf mehreren Baumarten oder sogar auf Nadel- und Laubbäumen vorkommen kann. Hier empfiehlt sich ein Blick in die Tabelle mit den Nahrungspflanzen der baumbrütenden Forstinsekten.
Zum Start sollte man häufige Insektenarten wählen. Der Buchdrucker und der Kupferstecher sind an der Fichte leicht zu erkennen und recht zuverlässig in unseren Wäldern anzutreffen. Da der Förster und seine Mitarbeiter das sogenannte „Käferholz" (von Käfern besiedelte Bäume) zügig aus dem Bestand entfernen, sollte man gezielt diese Polter aufsuchen. Bei starkem Befall löst sich die Rinde sehr leicht vom Stamm.

Der Bestimmungsschlüssel ist in vier Hauptteile gegliedert:

Schlüssel A: Brutbilder an Nadelbäumen

Schlüssel B: Brutbilder an Laubbäumen

Schlüssel C: Brutbilder mit Wuchsanomalien des Triebes an Nadel- und Laubbäumen

Schlüssel D: Ergänzender Käferschlüssel.

Innerhalb der Hauptschlüssel wird man anhand von Nummern geführt. Es gibt also Abfragen und ein entsprechendes Leitsystem. Man sollte immer alle Abfragen (manchmal mehr als zwei, siehe Spiegelstriche) lesen und dann entscheiden. Die Abfragen sind einheitlich aufgebaut. Nach dem Spiegelstrich kommen die Merkmale. Bei zutreffender Beschreibung folgt man der Zahlenangabe am Ende der Zeile oder man ist schon bei der Artbeschreibung angelangt. Diese wurde möglichst kurz gehalten. Für ausführlichere Darstellungen sei auf die im Literaturverzeichnis aufgeführten Fachpublikationen verwiesen. Die Schlüssel A–C (mit Ausnahme von B3) enthalten immer auf der linken Seite die Abfragen sowie die darin eingefügten Artbeschreibungen und auf der rechten

Seite die ergänzenden Fotos mit den Brutbildern. Die passenden Brutbilder sind nicht immer auf der gegenüberliegenden Seite zu finden, deshalb folgen nach dem Artnamen die entsprechenden Abbildungsnummern. Der Schlüssel A enthält im Teil A1 auch Arten, die sowohl auf Nadel- als auch Laubbäumen vorkommen, z. B. die Ameisenarten und der Sägehörnige Werftkäfer. Und ebenso gibt es Arten, die in der Regel auf Laubbäumen leben (Schlüssel B) und sehr selten auch in Nadelbäumen siedeln. Hier sind die Angaben zu den Wirtsbaumarten in der jeweiligen Insektenartbeschreibung zu beachten. Im Inhaltsverzeichnis findet man in der „Tabelle I Borkenkäfer" nur einige Nadelbaumarten. Es fehlt z. B. die Douglasie. Diese wird aber regional durchaus sehr intensiv von Käfern genutzt. Die entsprechenden Informationen findet man tabellarisch in dem Kapitel „Übersichtstabelle mit den Nahrungspflanzen der baumbrütenden Forstinsekten".
Für die Arbeit im Gelände ist ein Zollstock oder Geodreieck empfehlenswert. Ebenso ist ein Hilfsgerät zur Ablösung der Rinde von Vorteil. Bei stehenden Bäumen darf man grundsätzlich keine abstehende Rinde entfernen, da diese von den gesetzlich geschützten Fledermäusen gerne genutzt wird. Ein Brutbild ist kein Brutbild. Die Natur ist divers und so sind auch die Brutbilder recht individuell geformt. Deshalb sind bei der Artansprache immer mehrere Brutbilder zu berücksichtigen.
Die Insektenabbildungen sind vergleichbar mit der Auflösung einer 20-fachen Handlupe. Diese sollte man zur Artbestimmung mitführen.
Die Besiedlung von Gehölzen durch Insekten verrät sich durch einige Merkmale. Zuerst sollte man einen Blick in die Kronen werfen. Kronenauflichtung/ -verkahlung, jahresuntypische Welke-Erscheinungen sowie abgestorbene Kronenbereiche sprechen für eine Störung der Vitalität (Abb. 7). Diese kann abiotische und biotische Ursachen haben. Die Verursacher müssen also nicht Insekten sein. Allerdings bevorzugen Gliedertiere solche disponierten Bäume für ihre ersten Besiedlungsversuche. Saftfluss an Laubholzstämmen bzw. Harzfluss an Nadelbäumen zeigen meist biotische Schäden an. Dies können Pilze oder Insekten sein (Abb. 8). Pilze können im oberen Bereich von Bäumen erhebliche Harzflüsse generieren. Aber auch mechanische Beschädigungen der Rinde verursachen

7

Links behandelte und rechts unbehandelte Kiefernbäume nach dem Fraß der Kiefernspinner-Raupen (Dendrolimus pini). Deutlich sind die kahlen Bäume zu erkennen. Die geschwächten Kiefern wurden zusätzlich von Borkenkäfern (Großer und Kleiner Waldgärtner) und Blattwespen-Larven befallen.

8

Vitale Nadelbäume können durch Ausharzen die Einbohrversuche von Borkenkäfern abwehren. Danach wird durch Verdunstung an der Rindenoberfläche der Harz eingedickt und verfärbt sich dunkelbraun-schwarz durch die Besiedlung von Bakterien und Pilzen.

9

Wildkatzen-Kratzbaum in der Eifel mit starkem Harzfluss (Fichte).

10

Frischer (oben) und alter (unten) Rotwild-Schälschaden an einer Esche im Harz. Holzwespen nutzen häufig solche Verletzungen zur Eiablage in das Splintholz lebender Bäume.

Saft- oder Harzflüsse (z. B. Kratzbäume von Wildkatzen (Abb. 9); Rotwild-Schälschäden (Abb. 10); Biber-Nageschäden; Schäden bei der Holzernte). Charakteristisch allerdings sind Harztrichter, die beide Waldgärtner-Arten an Kiefern verursachen (Abb. 47). Ebenso typische Anzeichen für insektenbefallene Bäume sind Spechte auf Nahrungssuche und Anzeichen der selbigen, wie z. B. Spechtabschläge (Verrötung der Fichtenstämme), kleinere und größere vom Specht verursachte Löcher (Abb. 11 und Abb. 12). Damit sind natürlich nicht Spechthöhlen gemeint. Ebenso sichere Zeigermerkmale für Insektenbefall sind Eigelege an der Rinde (z. B. Buchenprachtkäfer – *Agrilus viridis*), Ein- und Ausbohrlöcher der Insekten, Puppenhüllen in Ausbohrlöchern, Bohrmehl auf der Rinde oder in den Spinnennetzen am Stammfuß sowie Bohrmehlansammlungen im Stammfußbereich. Da die forstlichen Mitarbeiter möglichst schnell Käferholz aus dem

11

Durch den Specht aufgehackte Käferlöcher in einer Fichte (Nationalpark Harz).

12

Bei der Ausbeutung von Rossameisen-Nestern in Nadelbäumen meißelt der Schwarzspecht meist ein oder mehrere untereinanderliegende große Löcher in den Baum (Nationalpark Harz).

13

Durch Windwurf freigelegtes Rossameisen-Nest (Camponotus spec.).

Bestand entfernen, sind entsprechende Holzpolter sehr vielversprechend. Es empfiehlt sich, den zuständigen Förster anzusprechen. Größere Ameisennester in Baumstämmen (z. B. von Rossameisen und der Schwarzglänzenden Holzameise) verringern erheblich die Bruchsicherheit der Bäume. Oft sind diese Bäume die ersten Opfer bei Stürmen (Abb. 13).

Vorsichtsmaßregeln

An Eichen in Wald, Parkanlagen und Alleen entwickeln sich zunehmend die Raupen des gesellig lebenden Eichenprozessionsspinners (*Thaumetopoea processionea*). Die Larven treten in großer Anzahl auf und verursachen in der Regel einen Kahlfraß. Ab dem 3. Larvenstadium besitzen sie neben ihren langen Raupenhaaren auch kurze, allergieauslösende Brennhaare auf ihrem Rücken. Diese werden kontinuierlich freigesetzt und verursachen Reizungen der menschlichen Haut, Augen sowie Atemwege und weisen zusätzlich eine hohe allergene Wirkung auf (Hygieneschädling). In den Seidennestern der Raupen (Abb. 14) können diese giftgefüllten Brennhaare über viele Monate überdauern. Die Nester können auch in der Bodenvegetation vorkommen. In den Befallsgebieten sollte auf eine Suche nach Brutbildern verzichtet werden.
Noch nicht aufgearbeitete Windwurfflächen sind gefährlich und sollten nur von forstlich ausgebildetem Personal betreten werden. Holzfällarbeiten werden mit Schildern und Absperreinrichtungen gekennzeichnet. Diese Warnhinweise sind immer zu beachten.

14

Seidennester der Larven des Eichenprozessionsspinners (Thaumetopoea processionea) an einer Eiche. Die dunkle Färbung der Nester wird durch den Larvenkot verursacht.

Artenschutz

Die jeweiligen länderspezifischen artenschutzrechtlichen Festlegungen können hier nicht vorgestellt werden.
Die Datenbank des Bundesamtes für Naturschutz in Bonn enthält das wissenschaftliche Informationssystem WISIA (http://www.wisia.de/) zum internationalen Artenschutz aller in Deutschland nachgewiesenen und geschützten Spezies. Das Internetangebot WISIA-online dient als Hilfsmittel zur Ermittlung des vom Gesetzgeber festgelegten Schutzumfangs. Verbindlich sind allerdings die betreffenden Gesetzestexte und ihre Anhänge.
Für Österreich und für die Schweiz sind ebenfalls die entsprechenden länderspezifischen Gesetze und ihre Anhänge zu beachten. Das Österreichische Artenschutz-Informationssystem OASIS 2.0 hat leider noch nicht die Käfer eingepflegt.

Schlüssel A: Bestimmung der Brutbilder der häufigsten Forstinsekten an Nadelbäumen

A1: Die Brutbilder

1 Das Fraßbild liegt in der Bastschicht, ist also sowohl auf der Splintoberfläche als auch auf der Rindeninnenseite erkennbar → **2**

→ Fraß im Innern des Holzkörpers → **5**

→ Die Besiedlung durch die Insekten führt zu einer deutlichen Wuchsanomalie/Gallenbildung des Triebes (z. B. „Posthorn“, Abb. 216, S. 177) → **Schlüssel C**

→ Das Brutbild ist im Zapfen → **Tab. VI**

2 Das Fraßbild besteht aus einem bohrmehlfreien Gang (Muttergang s. Abb. 45, S. 41) und bohrmehlgefüllten Larvengängen → **Borkenkäfer → Tab. I**

→ Die Fraßgänge sind mit Bohrmehl gefüllt, gewunden und werden in ihrem Verlauf stetig breiter → **3**

3 Das Bohrmehl ist wolkig angeordnet: d. h. bogenförmig im Gang abgelagert, wobei oft helles (Splint) mit braunem (Rinde) wechselt → **Prachtkäfer → Tab. IV**

→ Bohrmehl nicht wolkig → **4**

4 Die Gänge verlaufen strahlenförmig und enden in Spanpolsterwiegen: Larven bauchwärts gekrümmt → **Pissodes-Arten → (Rüsselkäfer Tab. III)**

→ Die Gänge stärker gewunden, Verpuppung zwischen Rinde und Holz oder im Holz bzw. in der Rinde; keine Spanpolsterwiegen, höchstens lockere medaillonartige Puppenwiege aus sehr groben Spänen → **Bockkäfer → Tab. II**

5 Auf dem Splint kreisrunde Einbohrlöcher 1,5–2 mm breit. Gänge frei von Bohrmehl und mit einem Pilzrasen versehen, der im Alter verdunkelt. Auswurf von feinem hellem Bohrmehl. Von der radialen, bis zu 5 cm tiefen Eingangsröhre zweigen seitlich Brutröhren ab (Muttergänge, Gabelgänge), die dem Verlauf der Jahresringe mehr oder weniger folgen. Von diesen gehen nach oben und unten gleichbreite leitersprossenartige, ca. 0,5 cm lange Gänge (Larvengänge, Leitergänge) ab. Die Pilze der Käfer verfärben das Holz um die Gänge. Bauchwärts gekrümmte beinlose, weiche und weiße Larven mit braunem Kopf. Käfer 2,8–3,8 mm. Als Wirtsbäume sind vorzugweise Fichte, Tanne, Kiefer und Douglasie bekannt. Brutbild in eingeschlagenem Nadelholz (auch im entrindeten Zustand), frischen Stöcken, Bruchholz und Resthölzer

Gestreifter Nutzholzborkenkäfer/Linierter Nutzholzborkenkäfer– *Trypodendron lineatum*, Abb. 15 + 16

(Syn. *Xyloterus lineatus*)

Der Linierte Nutzholzborkenkäfer (Trypodendron lineatum) mit feinen Punktreihen und der typischen dunklen Streifung auf den Flügeldecken. Nicht alle Käfer tragen diese Zeichnung. Der Absturz ist wenig behaart und matt. Der Halsschild ist meist im vorderen Bereich dunkler als im hinteren Bereich. Die Fühlerkeulen sind breit gerundet.

Gestreifter Nutzholzborkenkäfer – *Trypodendron lineatum*

15

Brutbild (Längsschnitt) des Linierten Nutzholzborkenkäfers (Trypodendron lineatum) mit dem horizontalen Muttergang und den davon abgehenden kurzen Larvengängen.

16

Brutbild (Querschnitt) des Linierten Nutzholzborkenkäfers (Trypodendron lineatum) mit den relativ breiten aber kurzen Muttergängen und den davon abgehenden Larvengängen (schwarze Löcher).

→ Brutbild wie Linierter Nutzholzborkenkäfer, aber Larvengänge nur ca. 1 mm breit und die Gänge dringen bis zu 27 cm ins Holz ein. Eingeschleppte Art aus Nordamerika

Amerikanischer Nutzholzborkenkäfer – *Gnathotrichus materiarius*, Abb. 17

→ Nach einem Platzfraß in der Bastschicht führt ein ovales Einbohrloch in den Holzkörper → **Bockkäfer → Tab. II**

→ Im Holzkörper sind konzentrische, dem Frühholz folgende Säulengänge mit dazwischenliegenden Verbindungen angelegt. Die Nestanlagen sind meist umfangreich und über 2,5 m hoch. Die Nestanlage zieht sich auch in die Hauptwurzeln. Oft kommt es zur Ausbildung von weiteren Nestteilen in benachbarten Bäumen. Meist in Nadelbäumen, aber auch in Laubbäumen. Der Nesteingang liegt gut versteckt an der Stammbasis. Schwarzspechte schlagen auf Nahrungssuche öfters mehrere größere Löcher untereinander in die Nadelbäume (Abb. 12). Größte einheimische Ameisenarten. Die beiden Spezies sind im Gelände kaum unterscheidbar. Wirtsbäume oft bei Sturm auf Nesthöhe brechend (Abb. 13)

Rossameisen – *Camponotus herculeanus* + *C. ligniperda*, Abb. 12, 13, 18–20

Schuppenameisen-Arbeiterinnen (Formicinae). Von links nach rechts: Stöpselkopfameise (Camponotus truncatus), Rossameise (Camponotus herculeanus), Schwarzglänzende Holzameise (Lasius fuliginosus), Scheue Zweifarben-Holzameise (Lasius brunneus) und die Waldameise (Formica rufa). Alle hügelbauenden Formica-Waldameisen sind in der Schweiz und Österreich geschützt. In Deutschland sind sie in Anhang 1 der BArtSchV und besonders geschützt nach BNatSchG (§ 44).

→ Das Nest im Holzinneren ist ohne einen Nestpilz. Die Ameisen-Arbeiterinnen nagen ebenfalls überwiegend im Frühholz. Das Nest bleibt aber deutlich kleiner als das typische Rossameisen-Nest. Es werden auch keine regelhaften konzentrische Ringe angelegt. Bevorzugt wird weiß- und braunfaules Holz. Oft werden schon vorhandene Larvengangsysteme übernommen, von Bohrmehl und Kotresten gesäubert und umfangreich erweitert. Dies kann die Artansprache erheblich erschweren. Außerhalb des Nestes werden die Ameisenstraßen meist mit vegetabilischem Material und Erde überdacht. Die Tiere sind sehr scheu und verstecken sich bei Störung

Amerikanischer Nutzholzborkenkäfer – *Gnathotrichus materiarius*

17

Das Brutbild (Querschnitt) des Amerikanischen Nutzholzborkenkäfer (Gnathotrichus materiarius) mit den schmalen und langen Muttergängen.

Rossameisen – *Camponotus herculeanus + C. ligniperda*

18

Das Rossameisen-Nest (Camponotus spec.) im Querschnitt.

sofort in der Rinde oder in der Erde und verharren bewegungslos. Häufig auch in Baumhöhlen anzutreffen. Oft im Gebälk alter Häuser (insbesondere Fachwerkhäuser). Kann dort mit der morphologisch sehr ähnlichen und in Häusern sehr häufig anzutreffenden Zweifarbigen Haus- und Wegameise (*Lasius emarginatus*) verwechselt werden. An Laub- und seltener an Nadelbäumen. Kopf und Hinterleib der Ameisen-Arbeiterinnen sind dunkel und die Brust rötlichbraun gefärbt

Scheue Zweifarben-Holzameise – *Lasius brunneus*, Abb. 21 + 22

Die Scheue Zweifarben-Holzameise (Lasius brunneus) besucht regelhaft Pflanzensauger (z. B. Blattläuse) zwecks Honigtau-Gewinnung.

→ Im Holzkörper befindet sich ein dunkelgraues Nest ohne konzentrische Säulengänge. Die Nestgänge orientieren sich nicht an vorhandenen Strukturen des Holzkörpers. Die Ameisen nutzen einen langsam wachsenden Pilz, der ausschließlich der Befestigung der Nestwände und -gänge dient. Das Nest wird durch die Ameisen-Arbeiterinnen aufgebaut. Es findet kein Verzehr der Pilze statt (kein Ambrosiapilz). In Laub- und Nadelbäumen. Auch in Gebäuden. Dort vor allem in der Isolierung. Sehr volkreiche Staaten. Ameisen schwarz, glatt und glänzend mit Zitronenduft.

Schwarzglänzende Holzameise – *Lasius fuliginosus*, Abb. 23 + 24

Schwarzglänzende Holzameisen-Arbeiterinnen (Lasius fuliginosus) haben einen herzförmigen Kopf.

19 *Unterirdischer Rossameisen-Nestteil (Camponotus) in einer Hauptwurzel.*

20 *Im unterirdischen Nest von Rossameisen (Camponotus) können sich die aufgegebenen Bereiche zu Mulm entwickeln. Zurück bleiben dann festere Nestbestandteile.*

Scheue Zweifarben-Holzameise – *Lasius brunneus*

21 *Wandteile aus einem Nest der Scheuen Zweifarben-Holzameise (Lasius brunneus).*

22 *Überdachte Ameisenstraße der Scheuen Zweifarben-Holzameise (Lasius brunneus) auf einer Kopfweide.*

→ Die Gänge im Holzkörper beginnen mit einer kleinen Öffnung und erweitern sich; kreisrund **→ 6**

6 Gänge mit feinem hellen Bohrmehl vollgestopft (Abb. 26). Sie verlaufen in verschiedenen Richtungen im Holzkörper. In den Gängen findet man weiße, weiche Larven mit 3 Paar stummelartigen Beinen und am Hinterende einen hornigen Endstachel (Abb. 241, S. 191). Leben in Symbiose mit einem holzzerstörenden Pilz. Runde Ausfluglöcher (Abb. 25 und Abb. 27) mit unterschiedlichem Durchmesser. Die Adulttiere haben einen walzenförmigen Körper ohne Wespentaille (ungleich den parasitischen Schlupfwespen), gut ausgebildete Mundwerkzeuge und die Weibchen einen kräftigen Legebohrer (Ovipositor). Die Männchen der Holzwespen sind deutlich kleiner als die Weibchen. Deshalb sind die Ausflugslöcher immer sehr unterschiedlich in der Größe. Hier werden die drei häufigsten baumbewohnenden Arten vorgestellt. Diese sind anhand der Adulttiere gut unterscheidbar

Holzwespen – *Siricidae*, Abb. 25

→ Larvengänge bis 40 cm. Rindenbeschädigungen werden für die Eiablage bevorzugt. Zuerst bohren sich die Larven in Faserrichtung in den Splint. Die runden, bogenförmigen Gänge erweitern sich und werden sehr fest mit Bohrmehl verstopft. Mit Ambrosia-Pilz. Runde Ausflugslöcher bis 10 mm. Meist in Stubben aber auch in kränkelnden stehenden Bäumen oder gefällten aber noch saftreichen Stämmen. Stärkere Stämme und Stöcke werden bevorzugt. Ausgetrocknete Stämme sind nicht attraktiv. Holzwespen-Weibchen 24–44 mm lang, Holzwespen-Männchen 12–32 mm lang

Riesenholzwespe – *Urocerus gigas*, Abb. 26 + 27

Das Weibchen der Riesenholzwespe (Urocerus gigas). Die arttypischen gelben Polster hinter den Augen sind gut erkennbar.

Das deutlich kleinere Männchen der Riesenholzwespe (Urocerus gigas). Hier sind die Polster hinter den Augen rötlich-orange gefärbt.

Das Weibchen der Riesenholzwespe (Urocerus gigas) mit über dem Rücken zusammengefalteten Flügeln. Der kräftige schwarze Legestachel ist von zwei gelben Stachelscheiden umgeben. Im Leben klaffen diese nicht auseinander.

Schwarzglänzende Holzameise – *Lasius fuliginosus*

23

Ein freigelegtes Nest der Schwarzglänzenden Holzameise (Lasius fuliginosus) im Stamminneren. Durch Austrocknung ist der Nestpilz im Randbereich schon getrocknet und zeigt eine untypische hellgraue Färbung. Das Nest hat meist keinen direkten Kontakt zur Stamminnenseite. Es ragt also frei in die Baumhöhle. Als Baumaterial verwenden die Ameisen das Holzmaterial und durchmischen es mit dem Nestpilz.

24

Die Hauptstraßen der Schwarzglänzenden Holzameise (Lasius fuliginosus) außerhalb des Nestes werden von der Vegetation befreit und sind dadurch gut sichtbar.

Holzwespen – *Siricidae*

25

Oft finden wir die runden Holzwespen-Löcher in Stammverletzungen. Z. T. ist die Bohrmehlfüllung erkennbar. Sehr kleine Löcher sind dagegen die Eingänge von Schmalbrustameisen-Nestern (Leptothorax) oder die Ausbohrlöcher von Holzwespenparasiten.

→ Die meisten Larvengänge nicht tiefer als 4 cm in das Holz. Die Länge der Bohrgänge liegt zwischen 5 und 15 cm. Die Altlarve verpuppt sich in ungefähr 2 cm Tiefe im Holz. Lebt mit Ambrosia-Pilz. Bevorzugte Nistplätze wie Riesenholzwespe aber weniger große Stämme (Stangenholz). Holzwespen 1,5–3 cm lang

Gemeine Holzwespe/Kiefernholzwespe – *Sirex juvencus*, Abb. 28

Die Puppe des Weibchens der Gemeinen Holzwespe (Sirex juvencus).

Das kleinere Männchen (rechts) und das größere Weibchen (links) der Gemeinen Holzwespe (Sirex juvencus). Das arttypisch schwarz gefärbte Polster hinter den Augen ist gut sichtbar. Die Art ist kleiner als die Riesenholzwespe.

→ Das Eiröhrensystem ist verzweigt. Bevorzugte Nisthabitate wie die anderen Holzwespenarten. In allen Nadelbäumen nistend. Transportiert keinen eigenen Ambrosia-Pilz. Holzwespen-Weibchen 39–46 mm, Holzwespenmännchen 16–25 mm lang

Schwarze Kiefernholzwespe – *Xeris spectrum*

Die Männchen der Schwarzen Kiefernholzwespe (Xeris spectrum) sind kleiner als die Weibchen. Die Größe innerhalb der Männchen ist variabel.

Das Weibchen der Schwarzen Kiefernholzwespe (Xeris spectrum). Markant ist der lange Legestachel. Er ist länger als der Resthinterleib.

Riesenholzwespe – *Urocerus gigas*

27 *Das runde Ausbohrloch der Riesenholzwespe (Urocerus gigas).*

26 *Der lange mit Bohrmehl gefüllte Larvenbogengang der Riesenholzwespe (Urocerus gigas).*

Gemeine Holzwespe/Kiefernholzwespe – *Sirex juvencus*

28 *Die mit Bohrmehl gefüllten Larvengänge der Gemeinen Holzwespe (Sirex juvencus).*

Größenvergleich zwischen der Schwarzen Kiefernholzwespe (Xeris spectrum) und der Riesenholzwespe (Urocerus gigas). Von links nach rechts: kleines Xeris-Männchen; großes Xeris-Männchen; Weibchen von Xeris; Urocerus-Weibchen; großes Urocerus-Männchen und kleines Urocerus-Männchen.

→ Gänge bohrmehlfrei. Das Bohrmehl wird zuerst in einem Ring („Hof") um das Einbohrloch auf der Rindeninnenseite angehäuft. Später wird es massenweise ausgeworfen (Verwechslungsgefahr: Nutzholzborkenkäfer). Bei Herausförderung des Bohrmehls wird immer etwas Mehl zwischen Rinde und Splint gedrückt. Die Gänge beginnen mit einer nadelstichfeinen kleinen Öffnung und erweitern sich im Holz allmählich. So findet man immer sehr unterschiedlich eng- und weitlumige Larvengänge. Später erweitert die Larve den Anfangsgang, um als Jungkäfer den Baum besser verlassen zu können. Meist sind die Gänge gerade verlaufend, bis zu 28 cm lang und immer kreisrund („Schrotschuss-Brutbild"). Die Larve hegt einen Pilz („Ambrosiapilz" – *Endomyces hylecoeti*) an den Wänden der Gänge zur Ernährung. Dieser Pilzrasen dunkelt später nach. Larve mit langem Schwanzfortsatz und Buckel. In Laub- und Nadelbäumen. Technischer Schädling. Hohes Schadenspotenzial an Eichen- und Buchenstämmen auf Wertholzlagerplätzen. Eiablage an frischen Stöcken, aber auch an anbrüchige, stehende Stämme. Folgeschädling des Buchenrindensterbens. Fördert die Weißfäulepilz-Besiedlung

Sägehörniger Werftkäfer – *Hylecoetus dermestoides*, Abb. 29–32

Das Männchen (links) und das Weibchen (rechts) des Sägehörnigen Werftkäfers (Hylecoetus dermestoides). Die Männchen sind allgemein kleiner als die Weibchen und in der Grundfärbung schwarz mit meist heller abgesetzten Flügeldecken. Bei beiden Geschlechtern klaffen die Flügeldeckenenden. Das Weibchen trägt am Körperende eine Legeröhre.

Sägehörniger Werftkäfer – *Hylecoetus dermestoides*

29

Die Rindeninnenseite zeigt typische Sägemehlhöfe („Bohrmehlhöfe") um die Einbohrlöcher des Sägehörnigen Werftkäfers (Hylecoetus dermestoides).

30

Das Brutbild des Sägehörnigen Werftkäfers in einer liegenden Eiche.

31

Das Schrotschuss-Schadbild des Sägehörnigen Werftkäfers. Man beachte die sehr unterschiedlichen Durchmesser der Bohrlöcher.

32

Das Brutbild vom Sägehörnigen Werftkäfer (Hylecoetus dermestoides).

A2: Teilschlüssel zum Auswurf (Bohrmehl und Späne) an Nadelbäumen

1 Bohrmehlhäufchen weiß oder braun **→ 3**

→ Bohrmehl wird in Form von kompakten Bohrmehlröhrchen aus dem Bohrloch geschoben (Abb. 33). Kommt in Nadel- und Laubbäumen vor. Geht auch in z. B. durch Frost geschwächte Rebstöcke. Brut in frisch eingeschlagenem Holz, Stöcken sowie gelegentlich in absterbenden stehenden Bäumen. Das Brutsystem beschränkt sich auf den äußeren Splintbereich und dringt maximal 3 cm ein (Abb. 34 und Abb. 35). Bei Fichte verblaut nach dem Befall das Holz sehr rasch. Ursprünglich aus Ostasien stammend

Schwarzer Nutzholzborkenkäfer – *Xylosandrus germanus*, Abb. 33–35
(Syn. *Xyleborus germanus*)

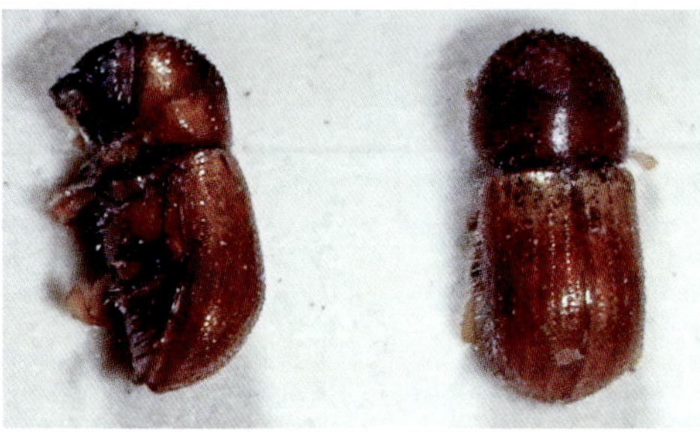

Das Gattungsmerkmal ist der rundliche Halsschild; er ist nicht länger als breit. Das Weibchen des Schwarzen Nutzholzborkenkäfers (Xylosandrus germanus) hat auf dem vorderen Teil des Halsschildes Höcker.

→ Grobe Späne (bis 1 cm Länge). Nach Ablösen der Rinde wird Platzfraß oder ein platzartig erweiterter Fraßgang mit ovalem Einbohrloch erkennbar. Holzkörper von Larvengängen durchzogen, evtl. kreisrundes Ausbohrloch, oft starker Harzfluss

Handwerkerböcke – *Monochamus-Arten* → 2

Die Lebensweise der einzelnen Monochamus-Arten ist recht ähnlich. Die Larven fressen unter der Rinde, beginnen aber bald, ausgedehnte Tunnel in den Holzkörper zu nagen. Letztere dienen als Rückzugsraum und am Ende der Larvalentwicklung zur Anlage der Puppenwiegen. Der Ernährungsfraß der Larven findet im Bast statt. Die Junglarven werfen zuerst feines Bohrmehl aus. Mit zunehmender Larvengröße wird der Auswurf immer gröber und umfangreicher. Monochamus-Larven sind denen von Borkenkäfern konkurrenzüberlegen und fressen diese auch. Die Larven erzeugen hörbare Geräusche. Die Käfer fressen an frischen Zweigen (Nadeln und vor allem dünne Rinde) von Fichten oder Kiefern sowohl in den ersten Tagen bis zur Erlangung der Geschlechtsreife als auch für den Rest ihres zwei- bis dreimonatigen adulten Lebens zur Ernährung. Zur Eiablage nagen die Weibchen typische schlitzförmige Einischen, worin die Eier von außen unsichtbar unter die Rinde abgelegt werden. Die Brutbilder sind wenig artspezifisch. Anhand der Käfer (deren Schildchen) sind die Arten dagegen gut unterscheidbar. Siehe Kapitel „Ergänzender Käferschlüssel" Seite 180.

Die Handwerkerböcke dienen leider dem invasiven Kiefernholznematoden *Bursaphelenchus xylophilus* als Vektor. Dieser wurde von Amerika 1999 nach Portugal eingeschleppt. Er vernichtet in großem Umfang Kiefernwälder (Kiefernwelke).

Schwarzer Nutzholzborkenkäfer – *Xylosandrus germanus*

33

Der Käfer vom Schwarzen Nutzholzborkenkäfer (Xylosandrus germanus) bildete hier aus dem Buchenholz-Bohrmehl ein helles Röhrchen am Einbohrloch.

34

Das Brutbild vom Schwarzen Nutzholzborkenkäfer (Xylosandrus germanus).

35

Das Brutbild vom Schwarzen Nutzholzborkenkäfer (Xylosandrus germanus) in Eiche.

Schneiderbock – *Monochamus sartor*

36

Die kreisrunden Ausfluglöcher (ca. 8 mm breit) der Jungkäfer des Schneiderbocks (Monochamus sartor).

37

Das längsovale Einbohrloch der Larve des Schneiderbocks (Monochamus sartor) zum Puppengang.

2 In Fichte

→ Nadelwälder, besonders Fichtenwälder, Kahlschläge. Entwicklung besonders in frisch gefällten, noch nicht entrindeten dicken Fichtenstämmen, unter der Rinde und im Holz. Der Schneiderbock bevorzugt die unteren Bereiche großer Fichten. Zur Eiablage nagt das Weibchen sogenannte Eitrichter, die bis in die Bastschicht reichen. Anfangs legen die Larven einen unregelmäßigen Platzgang an und dringen dann in das Holz ein. Der Gang kann bis zu 50 cm lang sein. Im Frühjahr nagen sich die überwinterten Larven an die Stammoberfläche heran, dort erfolgt die Verpuppung in einer Kammer, die durch einen Pfropfen aus Nagespänen abgeschlossen wird. Körperlänge 19–35 mm

Schneiderbock – *Monochamus sartor*, Abb. 36 + 37, 221 S. 180

→ Überwiegend in Fichte (*Picea abies*) aber auch in Tannen und Kiefern. Larven unter der Rinde und im Holz von frisch abgestorbenen stehenden oder liegenden Stämmen von 8–14 cm Durchmesser. Entwicklung in noch berindeten, armdicken Fichtenästen. Verpuppung im Frühjahr im Holz. Körperlänge: 15–25 mm

Schusterbock – *Monochamus sutor*, Abb. 39, 222 S. 181
(auch in Kiefer)

→ In Kiefer
Gelegentlich auch in Fichte. Bevorzugt auf Kiefern Äste und dünnrindige Bereiche der Stämme. Entwicklung deshalb besonders in Wipfelstücken von Stämmen und stärkeren Ästen von 3–8 cm Durchmesser, auch in den Kronen brandgeschädigter Kiefern. Anfangs leben die Larven unter der Rinde, dabei wird der Splint stark beschädigt. Nach einiger Zeit verbreitern sich die Gänge und es kommt zum sogenannten „Platzfraß“. Zur Verpuppung dringen die Larven tief bis in das Kernholz vor. Dort wird aus sehr groben Nagespänen eine Puppenwiege angelegt (Abb. 41 und Abb. 42). Die Imagines verlassen durch ein kreisrundes Loch ihren Brutbaum. Sie benagen junge Triebe in den Kronen stehender Bäume (Abb. 43 und Abb. 38). Dabei werden die Rinde als auch der Splint stark beschädigt. Dies führt oft zum Abbrechen der Zweige (Abb. 44). Körperlänge 12–26 mm

Bäckerbock – *Monochamus galloprovincialis*, Abb. 38, 40–44, 220, 223 S. 181

38

Reifungsfraß eines weiblichen Bäckerbock-Jungkäfers an einem Kiefernzweig (Monochamus galloprovincialis).

Schusterbock – *Monochamus sutor*

Der Fraßgang einer Larve des Schusterbocks (Monochamus sutor) im Holzkörper.

Bäckerbock – *Monochamus galloprovincialis*

Larvengänge des Bäckerbocks (Monochamus galloprovincialis) im Holzkörper.

Larvengänge des Bäckerbocks (Monochamus galloprovincialis) zwischen Rinde und Splint, den Splint schürfend. Längsovaler Larvengang mit grobem Genagsel verstopft (roter Pfeil), führt zum Puppenwiegengang.

3 Bohrmehl zum größten Teil braun → **Rindenbrütende Borkenkäfer Tab. I**

→ Bohrmehl fast weiß, nach Ablösen der Rinde wird ein rundes Einbohrloch sichtbar, das senkrecht ins Holz führt. Durch Nachschneiden lässt sich ein horizontaler Gang mit kurzen und senkrechten Seitengängen freilegen

Gestreifter Nutzholzborkenkäfer – *Trypodendron lineatum*
(Syn. *Xyloterus lineatus*) S. 22

Querschnitt durch einen Larvengang (mit grobem Genagsel verstopft) zur Puppenwiege des Bäckerbocks (Monochamus galloprovincialis).

Reifungsfraß des Bäckerbock-Jungkäfers an Kiefernrinde (Monochamus galloprovincialis).

Der Reifungsfraß des Bäckerbock-Jungkäfers (Monochamus galloprovincialis) an Kieferntrieben kann zum Abfallen der Zweigchen führen (Absprünge). Meist wird die Basis der Zweigchen befressen.

Tabelle I – Borkenkäfer

Kiefer

1 Der Muttergang ist ein einarmiger Längsgang (Abb. 45) → **2**

→ Form des Brutbildes anders → **4**

2 Der Brutfraß findet vor allem im Bereich des Wurzelanlaufs und der Stammbasis statt, oft an jüngeren Kiefern, ebenso Stümpfe von Altbäumen → **3**

→ Auftreten des Käfers im gesamten Stammbereich, sowohl an stehendem als auch an liegendem Holz. Anfang des Mutterganges oft krückstockartig gekrümmt, wenig den Splint schürfend, bis 24,5 cm lang. In der Regel nicht länger als 10 cm, bei starkem Befall nur 5 cm, Muttergang oft mit dünner Harzkruste ummantelt, bei Stehendbefall häufig Harztrichter um das Einbohrloch. Puppenwiegen in der Rinde. Reifefraß an den einjährigen Trieben durch Aushöhlen des Marks (Absprünge). Die Knospen der Triebe werden nicht genutzt: Käfer 3,5–5,2 mm lang

Großer Waldgärtner – *Tomicus piniperda*, Abb. 45–48
(Syn. *Blastophagus piniperda*)

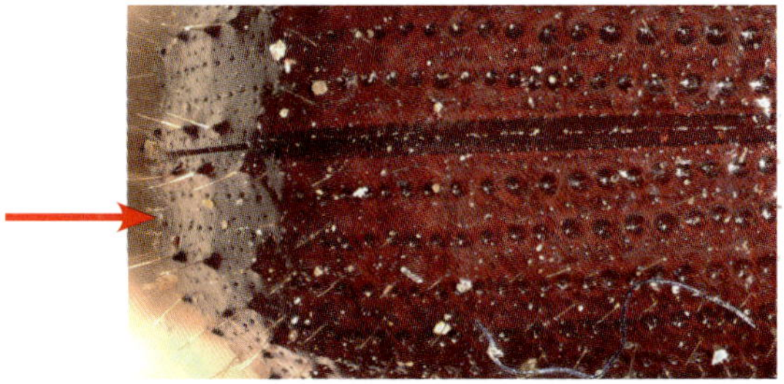

Der Große Waldgärtner (Tomicus piniperda) hat am Flügeldeckenende (Absturz) keine Körnchenreihe im ersten Zwischenraum (roter Pfeil).

3 Larvengänge kurz 1–3 cm, Muttergang (7 bis 12 cm) beginnt mit hakenförmiger Erweiterung. Reifefraß an alten Stöcken oder an 3 bis 10-jährigen Kiefern, an der Basis des Stämmchens, ähnlich dem Großen Braunen Rüsselkäfer (*Hylobius abietis*), aber nicht pockennarben-, sondern rinnenförmig und meist versteckt unter der Rinde, Brutfraß von geringer forstwirtschaftlicher Bedeutung, durch den Reifefraß jedoch forstlich relevant in der Kultur. Am Wurzelhals oft Harzaustritt und 1,5 mm breite Einbohrlöcher. Unter der Rinde platzartiger Reifefraß durch die Käfer. Dies kann zum Absterben der Jungpflanze führen. Schwache Triebe brechen häufig bei tiefgreifendem Fraß ab

Schwarzer Kiefernbastkäfer – *Hylastes ater*, Abb. 49

Der ca. 4,5 mm lange Schwarze Kiefernbastkäfer (Hylastes ater) in Seitenansicht. Der gattungstypische verlängerte Kopf ist zu sehen.

Der Schwarze Kiefernbastkäfer (Hylastes ater) in Aufsicht. Die Artmerkmale: der Halsschild ist länger als breit und trägt in der Mitte eine punktfreie Linie.

Großer Waldgärtner – *Tomicus piniperda*

45 *Ansicht: Kieferrindeninnenseite. Einarmiger mit Harzkruste ausgekleideter Muttergang (Längsgang) mit krückstockartigem Anfangsteil vom Großen Waldgärtner (Tomicus piniperda). Dieser gekrümmte Anfang des Muttergangs tritt an liegenden Stämmen auf. Im Muttergang sind sogenannte „Luftlöcher" nach außen. Deren Funktion ist unbekannt. Vom Muttergang gehen zahlreiche sich auch kreuzende Larvengänge ab, die in länglichen Puppenwiegen enden. Im oberen Bildteil sind Bockkäfergänge mit Bohrmehl gefüllt zu sehen.*

Ansicht: Kieferrindenaußenseite. Ausbohrlöcher der Jungkäfer vom Großen Waldgärtner (Tomicus piniperda).

46

Harztrichter an Kiefernrinde nach Eindringen eines Waldgärtner-Käfers.

47

48 *Ansicht: Aufgeschnittener Kieferntrieb mit durch einen Waldgärtner-Käfer ausgehöhlter Markröhre. In den ein- bis zweijährigen Kiefertrieben führen die Altkäfer nach dem Brutgeschehen ihren Regenerationsfraß und die Jungkäfer ihren Reifungsfraß durch. Dabei höhlen sie die Triebe aus (Markröhrenfraß). Durch die Stabilitätseinbuße brechen die Triebe mit noch grünen Nadeln bei Windeinwirkung leicht ab. So entsteht das typische Waldgärtner-Schadbild: „beschnittene" Kronen durch die abgebrochenen Triebe (auch „Absprünge" genannt). Dadurch entstehen Holzzuwachsverluste von bis zu 40 %.*

4 Der Muttergang ist ein Klammergang (auch Waagegang genannt), dieser doppelarmige Quergang weist Ganglängen von 6 bis 8 cm auf, die Gänge verlaufen tief im Splint, weitgestellte Larvengänge kurz (2 bis 3 cm) und nach oben oder unten verlaufend, zum Ende hin tiefer im Splint, Puppenwiegen senkrecht im Splint, vorrangig im Spiegelrindenbereich, jeder Jungkäfer nagt sich ein eigenes Ausflugsloch, ebenfalls Reifefraß in einjährigen Trieben, dieser führt zu starken Kronendurchlichtungen. Überwinterung in der Bodenstreu. Befällt neben frisch eingeschlagenen Stämmen häufiger als der Große Waldgärtner auch noch stehende, nur wenig geschwächte Bäume. An allen Kiefern, selten an Fichte und Lärche. Käfer 3,5–4 mm lang

Kleiner Waldgärtner – *Tomicus minor*, Abb. 47 + 48, 50–52
(Syn. *Blastophagus minor*)

Beide Waldgärtner-Arten haben am Flügeldeckenbeginn aufgebogene Kerbzähnchen.

Der Käfer des Kleinen Waldgärtners (Tomicus minor) trägt kleine Höckerchen (roter Pfeil) auf dem ersten Zwischenraum im Absturz.

→ Der Muttergang ist ein Gabelgang, es können jedoch auch 4 und selten 5 Muttergänge ausgebildet werden. Das Brutbild fällt durch seine Gesamtlänge (bis 100 cm; siehe Abb. 53), seine Gangbreite (4–6 mm; siehe Abb. 54) und die große Menge ausgeworfenen Bohrmehls sofort auf. Große Rammelkammer, häufig Luftlöcher: 2 bis 9 je Muttergang. Larvengänge bis ca. 9 cm lang, rechtwinklig von den Muttergängen abgehend, am Ende mit napfförmig in den Splint eingetieften Puppenwiegen. Neben der Anlage der Brutsysteme ausgedehnter Regenerationsfraß der Altkäfer durch Verlängerung der Muttergänge zu unregelmäßig verzweigten Gängen. Auch Regenerationsfraß in dendritischen Gangformen in Stämmen und stärkeren Ästen an weiteren Bäumen. Reifungsfraß der Jungkäfer von den Puppenwiegen ausgehend, bei hoher Besiedlungsdichte bald das ursprüngliche Brutbild weitgehend zerstörend. Daneben Reifungsfraß in der Rinde weiterer Stämme. Anlage der Brutsysteme vorzugsweise in dickborkigen Stammteilen vorgeschädigter Bäume (z. B. durch Waldbrand, Sturm, nadelfressende Schmetterlings- und Blattwespenlarven) oder frischgeschlagener Stämme. Übertragung von Bläuepilzen. Oft vergesellschaftet mit weiteren Borkenkäfern. Käfer 5–8 mm, hell- bis dunkelbraun, lang behaart, besonders dicht im Bereich des Absturzes. Halsschild länger als breit. Flügeldecken 1,5-mal so lang wie breit. Flügeldeckenabsturz schräg, Absturzfläche glänzend, grob punktiert. Naht am Absturz glatt, oben mit einigen längeren Haaren. Rand des Absturzes beiderseits mit 6 Zähnen besetzt, von denen der 4. am größten und geknöpft ist und mit dem 3. aus einer gemeinsamen Basis entspringt. Spitzenrand der Flügeldecken kurz und an der Naht V-förmig ausgeschnitten

Zwölfzähniger Kiefernborkenkäfer – *Ips sexdentatus*, Abb. 53–56

Der Zwölfzähnige Kieferborkenkäfer (Ips sexdentatus) ist die größte heimische Ips- und Orthotomicus-Art. Von links nach rechts: Buchdrucker (Ips typographus), Kleiner Buchdrucker (Ips amitinus), Großer Lärchenborkenkäfer (Ips cembrae), Zwölfzähniger Kiefernborkenkäfer (Ips sexdentatus), Kiefernstangenholzborkenkäfer (Orthotomicus suturalis); Südeuropäischer Kiefernborkenkäfer (O. erosus), Kiefernstangenholzborkenkäfer (O. proximus), Vielzähniger Kiefernborkenkäfer (O. laricis) und der Sechszähnige Kiefernborkenkäfer (Ips acuminatus). Ips-Schatten = ähnelt Fledermauskopf; Orthotomicus-Schatten = umgefallenes B (Der Absturz bei Orthotomicus ist wesentlich steiler als bei Ips).

Schwarzer Kiefernbastkäfer – *Hylastes ater*

Fraßbild des Schwarzen Kiefernbastkäfers (Hylastes ater) an Kiefer mit bis zu 3 mm breiten Gängen.

Kleiner Waldgärtner – *Tomicus minor*

Brutbild des Kleinen Waldgärtners (Tomicus minor) an Kiefer. Die Larvengänge sind weitständig und ihr Verlauf ist wenig parallel ausgerichtet.

Der Flügeldeckenabsturz mit den Zähnchen vom Zwölfzähnigen Kiefernborkenkäfer.

Der 5–8 mm große Zwölfzähnige Kiefernborkenkäfer (Ips sexdentatus) trägt am Absturz beidseitig je 6 verschiedengestaltige Zähnchen. Der vierte Zahn von der Flügelnaht aus gezählt ist der größte.

Größenvergleich zwischen Großem Lärchenborkenkäfer (Ips cembrae) (oben) und Zwölfzähnigem Kiefernborkenkäfer (Ips sexdentatus)(unten).

→ Das Brutbild ist ein Sterngang (Abb. 57) → **5**

5 Muttergänge unter 1,5 mm breit.

→ Brutbild sternförmig, mit 2 bis 7, teilweise recht langen Muttergängen. Brütet meist in dünnerer Rinde im Kronenbereich und in Ästen kränkelnder oder frisch gefällter Bäume. Auch an Fichten, Tannen, Lärchen und der Douglasie. Die kleinen Käfer (1,6–2,4 mm lang) sind mit der Handlupe nicht unterscheidbar vom Zweizähnigen Kiefernborkenkäfer (*Pityogenes bidentatus*). Auch ähneln sie sich in der Lebensweise und im Brutbild. Der Vierzähnige Kiefernborkenkäfer ist wesentlich seltener als der Zweizähnige Kiefernborkenkäfer
Vierzähniger Kiefernborkenkäfer – *Pityogenes quadridens*, Abb. 57

Das Weibchen des Vierzähnigen Kiefernborkenkäfers (Pityogenes quadridens) hat auf der Stirn gelbe abstehende Haare und am Absturz nur kleine Höckerchen. Das Gattungsmerkmal ist die mittig verlaufende glatte und flache Längsschwiele auf dem hinteren Halsschild.

51

Der Kleine Waldgärtner (Tomicus minor) legt sein Brutbild im dünnrindigen Bereich an.

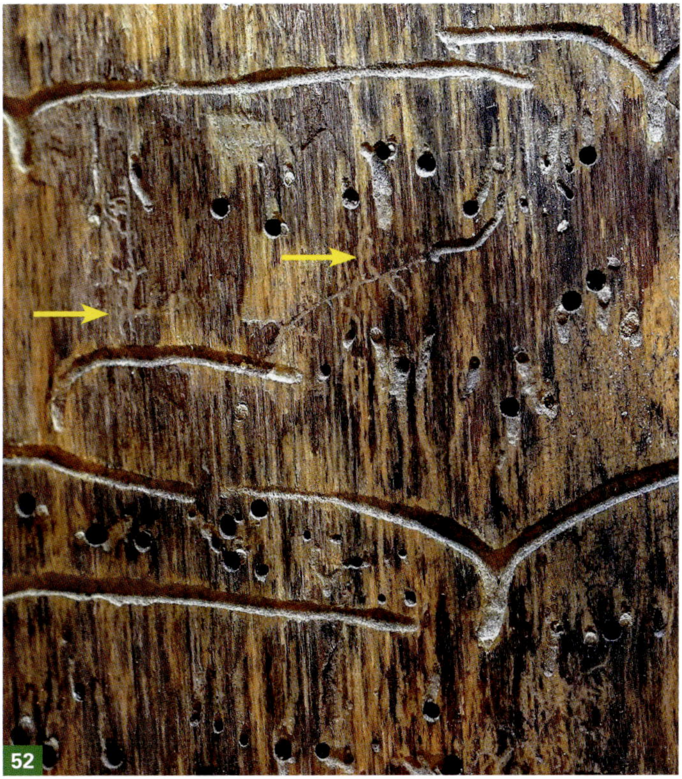

52

Die kleinen Weibchen (1,1–1,5 mm) von ***Crypturgus cinereus*** *benutzen die Einbohrlöcher und Gangsysteme anderer Borkenkäfer, um von dort aus ihre sehr feinen Gänge (gelbe Pfeile) anzulegen (Raumparasit). Sie befallen vor allem Kiefern und Fichten. ♀ mit kräftigem Haarschopf auf dem Absturz. Vergesellschaftet mit Tomicus minor, T. piniperda, Polygraphus poligraphus, P. subopacus, Pityogenes chalcographus, Orthotomicus proximus, O. suturalis, Ips typographus, I. acuminatus, I. duplicatus, I. mannsfeldi und I. sexdentatus.*

→ Muttergänge breiter als 1,5 mm → **6**

6 Larvengänge nicht alternierend angelegt. Muttergänge ca. 2 mm breit. Sterngang mit 3–7 schmalen Muttergängen tief in den Splint eingeschnitten. Muttergänge 2–5 cm lang. Einischen in schwachem Brutmaterial weitläufig, in stärkeren Ästen dichter gestellt. Regenerationsfraß durch Ausbuchtungen der Muttergänge, Reifungsfraß der Jungkäfer ebenfalls im Brutbild. Vorzugsweise an dünnen Ästen und an Stämmen absterbender und kränkelnder Bäume, geht auch in ältere Kiefernbestände, in trockenen und warmen Sommern auch in jungen Kiefernbeständen, diese können durch den Befall absterben, ist an der Kronenauflichtung beteiligt. Auch an Fichten, Tannen, Lärchen und der Douglasie. Käfer 2–2,8 mm lang

Zweizähniger Kiefernborkenkäfer – *Pityogenes bidentatus*, Abb. 58

Der männliche Zweizähnige Kiefernborkenkäfer (Pityogenes bidentatus) hat oberhalb des Absturzes zwei prägnante Fortsätze (Hakenzähne).

Der Absturz der Flügeldecken des Männchens vom Zweizähnigen Kiefernborkenkäfer (Pityogenes bidentatus).

Dem weiblichen Zweizähnigen Kiefernborkenkäfer (Pityogenes bidentatus) fehlen die prägnanten Fortsätze (Hakenzähne) am Absturz.

Der Absturz der Flügeldecken des Weibchens vom Zweizähnigen Kiefernborkenkäfer (Pityogenes bidentatus).

→ Larvengänge alternierend. Muttergänge ca. 2–3 mm breit, in der Regel 3–5 (2–12) Muttergänge. Die Fraßbilder, vielarmige Sterngänge, werden bevorzugt in dünnrindigen Stammabschnitten und Ästen (Spiegelrinde) angelegt. Von der großen, tief in den Splint greifenden Rammelkammer ausgehend verlaufen die Muttergänge in der Regel bogenförmig tief im Splint, sie können bis 40 cm lang werden. Als eine der wenigen Ausnahmen unter den Borkenkäfern sind die Muttergänge dieser Art meist mit Bohrmehl verstopft. Deshalb auch nur geringer Bohrmehlauswurf. Die Larvengänge sind weit gestellt, relativ kurz und tief in den Splint eingegraben. Von den im Splint liegenden Puppenwiegen geht gewöhnlich ein platzartiger dendritischer Reifefraß der Jungkäfer aus. Der Käfer überträgt Bläuepilze. Die Brutbilder findet man in der Krone aber auch im Stamm von absterbenden oder kränkelnden Bäumen und Schlagabraum. Auch in Fichten, Tannen und Lärchen. Käfer 2,2–3,5 mm lang

Sechs- bzw. Scharfzähniger Kiefernborkenkäfer/Föhrenborkenkäfer – *Ips acuminatus*, Abb. 59

Zwölfzähniger Kiefernborkenkäfer – *Ips sexdentatus*

53

Das Brutbild des Zwölfzähnigen Kiefernborkenkäfers (Ips sexdentatus).

54

Ein Muttergang im Brutbild des Zwölfzähnigen Kiefernborkenkäfers (Ips sexdentatus).

55

Der intensive Befall der Kiefer durch den Zwölfzähnigen Kiefernborkenkäfer (Ips sexdentatus) ist an der Rindenaußenseite gut erkennbar an den zahlreichen Ausflugslöchern und dem Reifungsfraß der Jungkäfer. Dieser führt zum partiellen Abfallen der Rindenschuppen.

Der Sechszähnige Kiefernborkenkäfer (Ips acuminatus) in Aufsicht.

Die Flügeldecken des Sechszähnigen Kiefernborkenkäfers (Ips acuminatus) sind kaum länger als der Halsschild.

Der Flügeldeckenabsturz eines männlichen Sechszähnigen Kiefernborkenkäfers (Ips acuminatus).

Fichte

1 Einbohrloch mit großem, oft mit Bohrmehl vermischtem Harztrichter. Muttergang bis 15 cm, Eiablage in unterschiedlich großen Gelege. Larven fressen gemeinschaftlich in einem Familienplatzgang/-raum. Platzfraß der Larven in einer oder mehreren Fronten, keine einzelnen Larvengänge, im Brutbild Bohrmehlplatten. Fraßbild erreicht die Größe eines Tellers, vor allem am Stammfuß, starker Harzfluß und Bohrmehlauswurf. Larven bauen eigene Puppenwiege. Jungkäfer fressen netzartig verbundene Gänge in der den Platzgang umgebenden Rinde (Reifungsfraß). Teilweise Überwinterung darin. Bevorzugt werden Fichten im Alter von 40 bis 80 Jahren. Brutanlage oft im Wurzelanlauf aber auch bis in 8 m Höhe, auch in Baumstümpfen. Rindenverletzungen (z. B. Holzernteschäden, Wildeinwirkungen) fördern die Besiedlung. Hauptbaumart: Fichte, seltener auf Tanne, Lärche oder Kiefer. Größter europäischer Borkenkäfer: 5,5–9 mm lang
Riesenbastkäfer – *Dendroctonus micans*, Abb. 4 und 5, 60

Der 5,5–9 mm große Riesenbastkäfer (Dendroctonus micans) ist schwarz, glänzend und abstehend behaart.

Das Gattungs- und Artmerkmal ist die Einbuchtung am Vorderrand des Halsschildes (Dendroctonus micans).

→ an Jungfichten (am häufigsten an bleistift- bis fingerdicken Stämmchen) werden beim Reifungsfraß der Käfer die Stämmchen benagt. Die Fraßspuren sind schmal, gangartig, nur ca. 2 mm breit und haben überhängende Fraßränder. Vielfach erfolgt der Fraß knapp über dem Wurzelhals. Es werden geringe Mengen Bohrmehl ausgestoßen und die Rinde löst sich später ab. Der Saftstrom wird unterbrochen und die Bäumchen sterben ab. Die Brutbilder werden an der Stammbasis und in Wurzelanläufen absterbender Altfichten oder an Stöcken genutzter oder geworfener Fichten angelegt. Dies beschleunigt die Holzzersetzung. Sehr selten an Lärchen und Kiefern. In den Gängen trifft man den schwarzbraunen ca. 3,2–4,8 mm großen Borkenkäfer an
Schwarzer Fichtenbastkäfer – *Hylastes cunicularius*, Abb. 61

56

Anblick: Kiefer-Rindeninnenseite. Bei intensiver Besiedlung durch den Zwölfzähnigen Kiefernborkenkäfer (Ips sexdentatus) wird das Brutbild vom Reifungsfraß der Jungkäfer zerstört. Als sichere Merkmale für die Artansprache sind die Muttergang-Länge und dessen Breite geeignet.

Vierzähniger Kiefernborkenkäfer – *Pityogenes quadridens*

57

Brutbild des Vierzähnigen Kiefernborkenkäfers (Pityogenes quadridens).

Zweizähniger Kiefernborkenkäfer – *Pityogenes bidentatus*

58

Das Brutbild vom Zweizähnigen Kiefernborkenkäfer (Pityogenes bidentatus). Die Rammelkammer ist im Splint sichtbar.

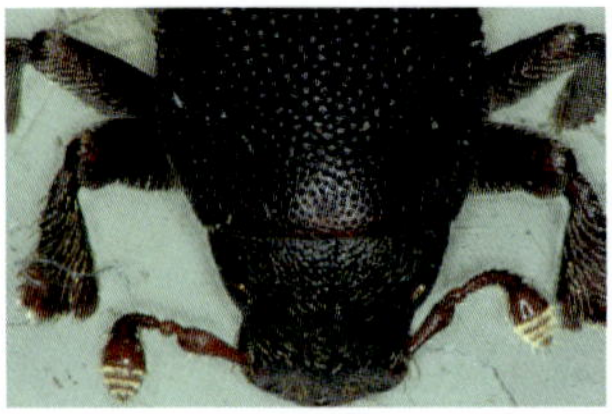

Der Kopf des Schwarzen Fichtenbastkäfers (Hylastes cunicularius) ist gattungstypisch schwach rüsselartig verlängert.

Die Flügeldecken des Schwarzen Fichtenbastkäfers (Hylastes cunicularius) sind höchstens doppelt so lang wie breit. Der Halsschild ist so lang wie breit und nach vorne verengt.

→ Brutbild anders **→ 2**

2 Einarmiger Längsgang, 3–8 cm lang, Eiablage in unregelmäßigen Häufchen, Muttergang den Splint schürfend, Larvengänge besonders in der Rinde

Fichtenbastkäfer

→ Muttergang 2,5–3 mm breit, verhältnismäßig kurz (3–5 cm), gewöhnlich mit stiefelförmigem (Stiefelhaken) oder unregelmäßig platzförmig erweitertem Eingang, oft gebogen oder schräg gestellt. Die Larvengänge lang, unregelmäßig und wirr, einander häufig überkreuzend, in ihren Anfängen oft miteinander verschmolzen. Bevorzugt kranke Bäume oder geschlagene Stämme, die auf der Erde liegen. Sehr oft vergesellschaftet mit anderen Borkenkäferarten. Oft im Gefolge nach Windwurf, Waldbrand und Holzernten. Wirtspflanzen: Nadelbäume. Käfer 2,5–3,2 mm lang

Gelbbrauner Fichtenbastkäfer – *Hylurgops palliatus*, Abb. 5, 62 + 63

Der Käfer des Gelbbraunen Fichtenbastkäfers Hylurgops palliatus ist 2,5–3,2 mm lang. Oft zeigt er eine dunklere Färbung. Gut zu erkennen ist die punktfreie Mittellinie auf dem Halsschild. Die Zwischenräume auf den Flügeldecken sind so breit wie die Punktreihen. Gattungstypisch ist die Proportionierung des Halsschildes: Es ist breiter als lang und vorne leicht verengt. Auf der rechten Flügeldecke sitzt eine parasitäre Milbe mit einem Haftstil.

Sechs- bzw. Scharfzähniger Kiefernborkenkäfer/ Föhrenborkenkäfer – *Ips acuminatus*

59

Das Brutbild des Sechszähnigen Kiefernborkenkäfers (Ips acuminatus).

Riesenbastkäfer – *Dendroctonus micans*

60

Die Larven des Riesenbastkäfers (Dendroctonus micans) fressen gemeinschaftlich unter der Rinde. Die großflächige Verwundung führt zu intensivem Harzfluss. Hier ist das Brutbild ohne Larven zu sehen.

→ Muttergang ca. 3,5 mm breit, bis 8 cm lang, tief in den Splint eingegraben, geschwungen, mit unregelmäßiger Erweiterung beginnend. Larvengänge zu Beginn sehr dicht nebeneinander stehend (sich berührend) und alle in der Nähe des Einbohrloches beginnend, daher das letzte Stück des Mutterganges ohne Larvengänge. Letztere größtenteils in der Rinde, den Splint nur schwach furchend. Puppenwiegen zur Hälfte im Splint eingegraben. Brütet meist in toten Bäumen, geschlagenen Stämmen und in Stöcken. Benötigt eine hohe Rindenfeuchtigkeit. Häufig in hoher Dichte in Stämmen mit Bodenkontakt. Meist mit anderen Borkenkäfern vergesellschaftet. Auch an Zirbelkiefer (*Pinus cembra*). Käfer 4,5–5 mm lang
Dunkelbrauner Fichtenbastkäfer – *Hylurgops glabratus*, Abb. 5, 65

Der Dunkelbraune Fichtenbastkäfer (Hylurgops glabratus) ist 4,5–5 mm lang und damit deutlich größer als der Gelbbraune Fichtenbastkäfer (H. palliatus). Im Feld sind sie ansonsten sehr schwer zu unterscheiden. Die punktfreie Mittellinie auf dem Halsschild beginnt weiter vorne. Auf den Flügeldecken sind die Zwischenräume breiter als die Punktreihen.

Am Flügeldeckenende hat der Dunkelbraune Fichtenbastkäfer (H. glabratus) auf den Zwischenräumen kleine Spitzen.

Nahansicht der Flügeldecken vom Dunkelbraunen Fichtenbastkäfer (Hylurgops glabratus).

→ Fraßbild anders **→ 3**

3 Gabelgang (Stimmgabel) s. Abb. 66, oft auch zweiarmiger Längsgang parallel zur Faserrichtung. Rammelkammer gewöhnlich in der Rinde, Muttergänge meist 7–8 cm (4–15 cm) lang und 2,5–3 mm breit. Diese mit bis zu 5 „Luftlöchern“ durch die Rinde. Nach Möglichkeit setzen die Weibchen nach vollzogener Eiablage den Muttergang zwecks Regenerationsfraß noch ein Stück fort („Witwengänge“), ehe sie den Stamm verlassen. Einischen regelmäßig verteilt auf beiden Seiten der Muttergänge. Die ausschlüpfenden Larven fressen nach beiden Seiten zeilenförmig (Name Buchdrucker) die leicht geschlängelten, 5–6 cm langen Larvengänge. Dabei kommt es nicht zu Überschneidungen. Die Puppenwiegen sind oft als einziger Teil des Fraßbildes leicht in den Splint eingetieft. Haben die Jungkäfer eine mittelbraune Farbe erreicht, fressen sie von dort aus hirschgeweihartig verzweigte kurze Ernährungsfraßgänge (Reifungsfraß) in Splintholz und

Schwarzer Fichtenbastkäfer – *Hylastes cunicularius*

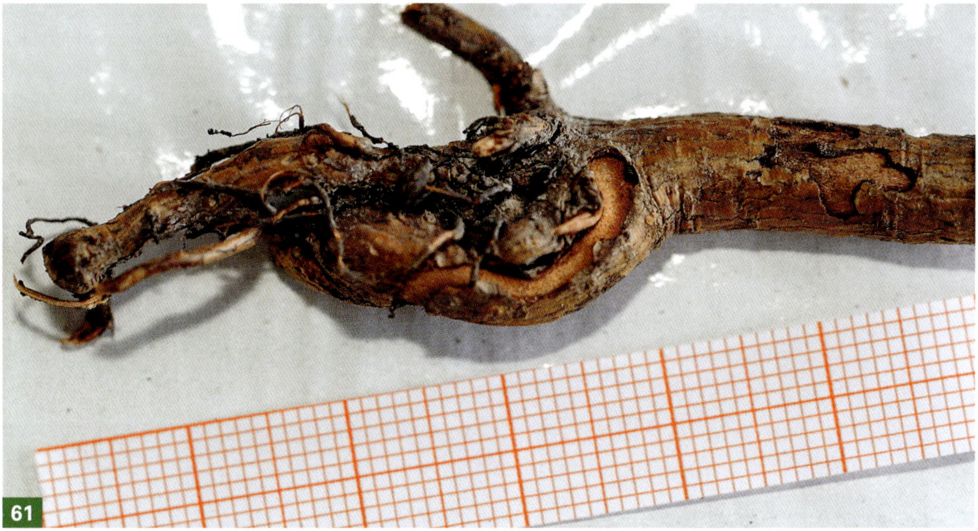

61

Der Reifungsfraß der Jungkäfer des Schwarzen Fichtenbastkäfers (Hylastes cunicularius) am Wurzelhals.

Gelbbrauner Fichtenbastkäfer – *Hylurgops palliatus*

62

Ansicht: Rindeninnenseite. Das Brutbild vom Gelbbraunen Fichtenbastkäfer Hylurgops palliatus.

Rinde, wobei das Brutbild oft völlig zermulmt (Abb. 66) und die Rinde sich deshalb vom Holzkörper löst sowie stückweise abfällt. Der Vorgang wird meist durch nahrungssuchende Spechte beschleunigt („Spiegelschlag"). Dabei wird der helle Splint sichtbar. Ist auf dem Brutbaum kein Regenerations- oder Reifungsfraß mehr möglich, fliegen die Käfer oft auf kleinere Fichtenpflänzchen und fressen dort. Häufigster mittelgroßer Borkenkäfer in der Fichte und dort auch der wirtschaftlich bedeutendste Rindenbrüter. Massenvermehrungen dieser Borkenkäferart führen zum Befall von lebenden Bäumen (Stehendbefall) und damit zu großflächigen Kalamitäten. Der Käfer bevorzugt die dickere Stammrinde von Fichten im Baum- bis Altholzalter. Der Befall an stehenden Bäumen beginnt in der Regel unter dem Kronenansatz (bei Altfichten also in mehr als 15 Metern Höhe) und entwickelt sich von dort nach unten fort. Harzfluss im Bereich des Kronenansatzes kann, muss aber nicht durch den Borkenkäferbefall verursacht sein. Der Auswurf von braunem Bohrmehl ist oft in Spinnweben am Stammfuß gut und lange sichtbar. Käfer 4,2–5,5 mm lang, er kann in allen Stadien im Brutbild erfolgreich überwintern, der Käfer überdauert zusätzlich in Bodenstreu die winterliche Zeit

Buchdrucker/Großer Achtzähniger Fichtenborkenkäfer – *Ips typographus*, Abb. 5, 63, 66–68

63

Buchdrucker-Jungkäfer (Ips typographus) im Brutbild. Am linken Absturzrand des Käfers sind deutlich die vier „Zähne" zu erkennen, von denen der dritte am größten und geknöpft ist (roter Pfeil).

Die Jungkäfer der Borkenkäfer (hier ein Buchdrucker) sind noch stark behaart. Die Färbung dunkelt noch nach. Der Buchdrucker ist danach dunkelbraun.

Seitlicher Anblick der Absturzzähne des Buchdruckers (Ips typographus).

Der Absturz am Flügeldeckenende des Buchdruckers in Aufsicht. Die Flügeldeckennaht steht nicht vor und ist nur im oberen Abschnitt mit einer Reihe von langen Haaren begleitet. Der mittlere und untere Abschnitt der Naht ist haarlos.

Ansicht: Kiefer-Splintholz. Der Reifungsfraß der Jungkäfer des Gelbbraunen Fichtenbastkäfers Hylurgops palliatus außerhalb des Brutbildes ist sehr regelhaft.

Dunkelbrauner Fichtenbastkäfer – *Hylurgops glabratus*

Brutbild vom Fichtenbastkäfer Hylurgops glabratus.

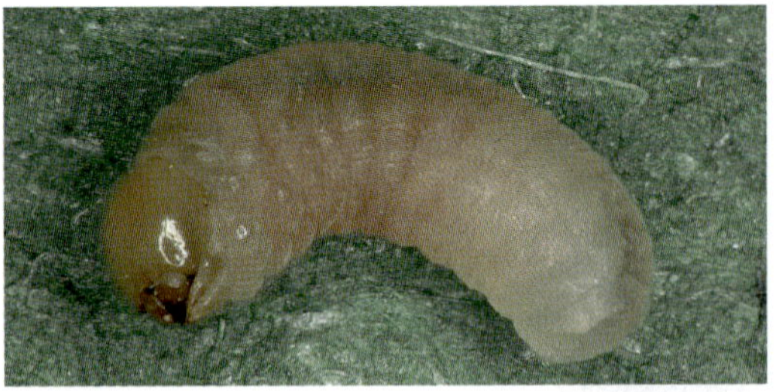

Die kommaförmige Buchdruckerlarve (Ips typographus) ist typisch für Borkenkäfer: augen- und beinlos. Statt dessen sind Kriechwülste vorhanden.

→ Sterngang s. Abb. 74 ➔ **4**

4 Im mittleren und unteren Stammbereich, Fraßbild ähnlich dem Buchdrucker, jedoch Rammelkammer gewöhnlich auf der Innenseite der Rinde sichtbar, die 3–7 Muttergänge entspringen bogenförmig und verlaufen nicht in so strenger Längsrichtung wie beim Buchdrucker, die Muttergänge schürfen den Splint stärker. Larvengänge entspringen am Muttergang mit größerem Abstand als beim Buchdrucker. Oft mit dem Buchdrucker an einem Stammabschnitt. Käfer 3,5–4,8 mm lang

Kleiner Achtzähniger Fichtenborkenkäfer/Kleiner Buchdrucker – *Ips amitinus*, Abb. 5, 69 + 70

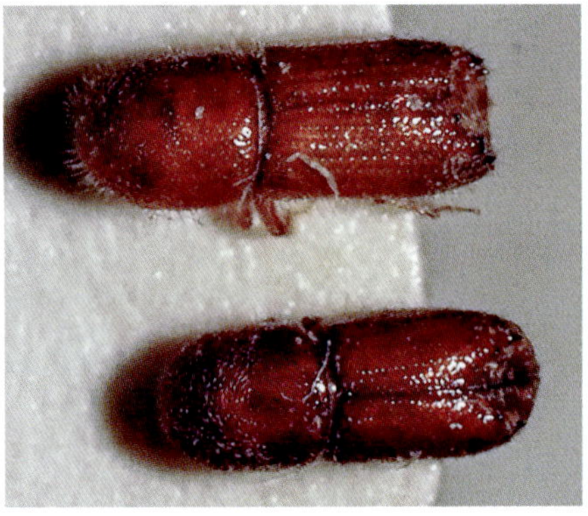

Der Kleine Achtzähnige Fichtenborkenkäfer oder auch Kleiner Buchdrucker genannt (Ips amitinus). Oben das Männchen, unten das Weibchen.

→ An dünnborkigen Kronenteilen und Stangen ➔ **5**

5 Brutbild fast vollständig in der Rinde, so dass auf der Innenseite der abgehobenen Rinde meist nur ein Gewirr von gewundenen Larvengängen und Teile der waagrecht verlaufenden Muttergänge (bis zu 8 Gänge, ca. 1,8 mm breit, 3–6 cm lang) sichtbar sind. Zusätzlich zerstört der Reifungsfraß der Jungkäfer die Gangfragmente. Paarungsraum (Rammelkammer) selten erkennbar. Das Brutbild weist meist quer zur Faserrichtung gestellte kurze Gänge auf. Von ihnen gehen vorwiegend in Längsrichtung weitgestellte mehr oder weniger geschlängelte Larvengänge aus. Alle Teile des Brutbildes liegen und überschneiden sich in verschiedenen Rindenebenen, so dass sehr verworrene Brutfiguren entstehen. Nur die jeweils 1–2 tiefstgelegenen Muttergänge schürfen regelmäßig als kurze, schwarz gefärbte Quergänge den Splint. Beim Ausbohren der Jungkäfer, aber auch schon während des Regenerationsfraßes der Altkäfer fallen kleine Rin-

Buchdrucker/Großer Achtzähniger Fichtenborkenkäfer – *Ips typographus*

66

Das typische Stimmgabel-Brutbild vom Buchdrucker (Ips typographus) mit drei Muttergängen. Die Rammelkammer ist auf der Fichten-Rindeninnenseite nicht sichtbar. Z. T. hat der Reifungsfraß der Jungkäfer das Brutsystem schon zerstört.

67

Auf der Rinde sieht man die großen Ausbohrlöcher vom Buchdrucker und die kleinen Ausbohrlöcher vom Kupferstecher. Noch kleiner sind die Luftlöcher der Jungkäfer des Buchdruckers, die er beim Reifungsfraß anlegt. Diese sind nur stecknadelkopfgroß. Das letztangelegte Lüftungsloch wird oft zum Ausflugsloch erweitert.

denpartikel vom Stamm ab, ohne indes das Kambium freizulegen. Den Stämmen wird dadurch, insbesondere durch nahrungssuchende Spechte, ein rostbraunes Aussehen verliehen, welches den Befall von weitem kenntlich macht. Die erst später absterbende Krone behält noch lange die auffallend gelbbraun gefärbte Benadelung, die später als dichter Teppich den Boden oder den Schnee bedeckt. Besiedelt werden meist rotfaule Stämme oder Wipfelpartien älterer Fichten im Bestandsinneren. Durch die Auflichtung steigt die Gefahr für Sturmbruch und Borkenkäferbefall.

Tritt vor allem in mittelalten Beständen auf, wo er bei Massenvermehrungen plätzeweise sowohl ältere als auch jüngere Bäume zum Absterben bringt. Käfer 2,2–3 mm lang. Augen fast vollständig unterteilt

Kleiner Fichtenbastkäfer/Doppeläugiger Fichtenbastkäfer/Vielschreiber – *Polygraphus poligraphus*, Abb. 5, 71 + 72

Der Kleine Fichtenbastkäfer (Polygraphus poligraphus) trägt am Körper dichtstehende, kurze, helle Schuppen. Der Vorderrand des Halsschildes ist flach eingebuchtet.

Der weibliche Käfer des Kleinen Fichtenbastkäfers (Polygraphus poligraphus) trägt einen Haarkranz auf der Stirn und ist 2,2–3 mm lang. Arttypisch sind die zugespitzte Fühlerkeule und der schwarze Kopf. Gattungstypisch ist das zweigeteilte Auge.

Der Kopf des Kleinen Fichtenbastkäfers (Polygraphus poligraphus) mit dem zweigeteilten Auge, dem Stirnhaarkranz und der zugespitzten Fühlerkeule. Man beachte auch die arttypischen kurzen hellen Schuppen auf dem Halsschild.

→ Rammelkammer nur bei dünnrindigem Brutmaterial sichtbar, sonst nur die 3–7 gleichmäßig sternförmig ausstrahlenden Muttergänge. Muttergänge ca. 6 cm lang und 1 mm breit. Senkrecht nach oben geht nie ein Muttergang. Ei-Nischen im Gegensatz zu nachfolgender Art enggestellt. Häufig ist die Anzahl der Larvengänge zu beiden Seiten der Muttergänge sehr ungleich verteilt. Die Larvengänge sind ca. 2–4 cm lang. Der stäbchenförmige Käfer ist 1,6–2,9 mm lang. An den Absturzleisten sind je drei spitze Zähnchen vorhanden. Sie stehen in ungefähr gleichem Abstand. Allerdings sind diese beim Weibchen sehr schwach ausgeprägt (mit der Handlupe kaum sichtbar). Häufigster kleiner Borkenkäfer in der Fichte. Nutzt aber auch Lärche, Tanne, Douglasie und Kiefer. Oft vergesellschaftet mit dem Buchdrucker. Da der Kupferstecher dünne Rinde bevorzugt, findet man ihn überwiegend im oberen Kronenbereich, vor allem aber in Stangenhölzern, Dickungen und in (bevorzugt frisch gepflanzten) Jungpflanzen in Kulturen sowie in Naturverjüngungen. Die ersten Merkmale (Rötung einzelner Äste, viele Harztröpfchen an den

68

Geweihartiger Reifungsfraß tiefschürfend im Fichtensplintholz durch die Buchdrucker-Jungkäfer (Ips typographus).

Kleiner Achtzähniger Fichtenborkenkäfer/Kleiner Buchdrucker – *Ips amitinus*

Das frühe Brutbild des Kleinen Achtzähnigen Fichtenborkenkäfers (Ips amitinus). Deutlich ist der bogige Verlauf der Muttergänge erkennbar.

69

70

Das Brutbild mit Larvengängen, Puppenwiegen und Reifungsfraß der Jungkäfer vom Kleinen Achtzähnigen Fichtenborkenkäfer (Ips amitinus). Die Larvengänge stehen relativ weit auseinander.

Einbohrlöchern und feiner brauner Bohrmehlauswurf) sind im Kronenbereich nur mit einem guten Fernglas erkennbar. Die Nadelverbräunung im Kronenbreich kann aber mit Drohnen gut erkannt werden. Bei reichlichem Angebot an bruttauglichem Material, z. B. durch Sturmholz, nach Grundwassersenkung, nach Schneebruch oder Waldbränden aber auch nach Trockenheit, kommt es bei nachfolgenden günstigen Klimabedingungen (trockene und warme Sommer) zu raschen Massenvermehrungen und zum Übergreifen auf vitale Bäume. Am Boden liegender Schlagabraum und Aushiebsmaterial von Pflegeeingriffen in schwächeren Beständen können ebenfalls zur Massenvermehrung beitragen. In diesem Fall besiedelt der Kupferstecher auch ältere Bestände und alle Stammabschnitte. Dieser Primärbefall führt zum Absterben der Bäume. Meist sind die durch den Buchdrucker verursachten Schäden aber höher. Das Brutbild kann mit dem des Furchenflügeligen Fichtenborkenkäfers (*Pityophthorus pityographus*) verwechselt werden. Letzteres weist aber immer deutlich die Rammelkammer im Splint auf

Kupferstecher – *Pityogenes chalcographus*, Abb. 5, 73–75

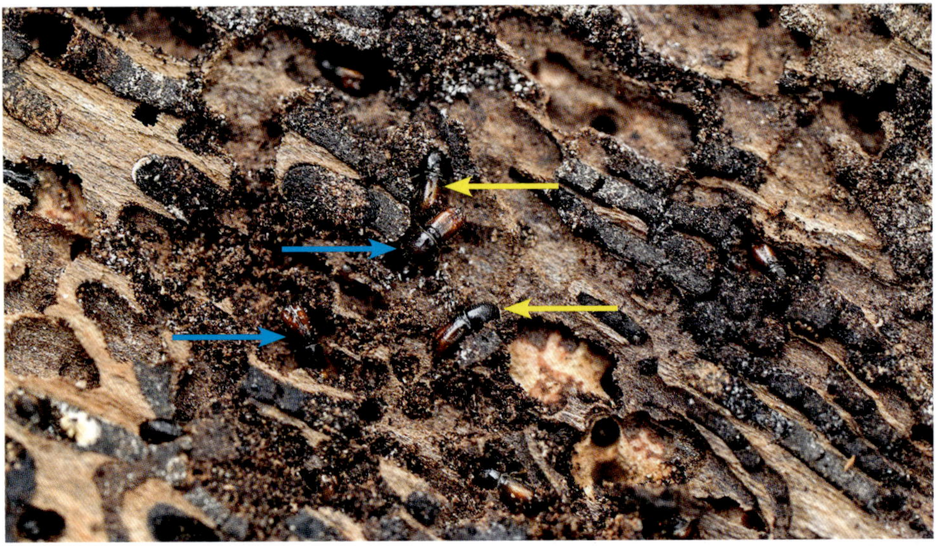

Der Kupferstecher (Pityogenes chalcographus) im Brutbild. Die Fichten-Rindeninnenseite wurde in Brusthöhe im Harz während einer Massenvermehrung entnommen. Die gelben Pfeile zeigen auf weibliche und die hellblauen Pfeile auf männliche Käfer.

Das Männchen des Kupferstechers (Pityogenes chalcographus) ist charakterisiert durch drei gleichweit entfernt stehende große Kegelzähne am Absturz. Bei beiden Geschlechtern sind die Punktreihen auf den Flügeldecken nur schwach ausgeprägt. Auf dem Foto sieht man ein noch nicht vollständig ausgefärbtes Jungtier. Der Altkäfer ist schwarz gefärbt und hat rotbraune Flügeldecken.

Ein adultes Weibchen des Kupferstechers (Pityogenes chalcographus) mit kleineren Höckern auf dem Absturz.

Kleiner Fichtenbastkäfer – *Polygraphus poligraphus*

71

Brutbild des Kleinen Fichtenbastkäfers (Polygraphus poligraphus) auf der Rindeninnenseite. Rechts sind die weitgestellten Larvengänge überwiegend in Längsrichtung zu sehen.

72

Brutbild des Kleinen Fichtenbastkäfers (Polygraphus poligraphus) auf der Rindeninnenseite. Der dreidimensionale Aufbau ist im oberen Bildteil zu erkennen.

Die Kegelzähne des männlichen Kupferstechers (Pityogenes chalcographus) im Detail. Der oberste Zahn ist nach innen gekrümmt. Die Zähne weisen den gleichen Abstand zueinander auf. Die Punktreihen auf den Flügeldecken sind nur schwach ausgeprägt.

Der Absturz des weiblichen Kupferstechers (Pityogenes chalcographus) hat nur kleine Höckerchen. Diese sind mit der Handlupe kaum zu erkennen.

→ Muttergänge (3–7) und Rammelkammer den Splint stark schürfend. Einischen weitgestellt. Rindenbrütender Borkenkäfer in dünnrindigen Stammabschnitten, entweder an jungen Koniferen bis ins Stangenholzalter oder im Wipfelbereich und an Ästen von älteren Nadelbäumen. Durch den Befall können jüngere Bäume absterben. Brutbild mit 3–7, sternförmig von einer Rammelkammer ausgehenden Muttergängen. Die Rammelkammer ist immer deutlich im Splintholz eingetieft, auch bei dickerer Rinde. Die Muttergänge sind etwas schmaler als beim Kupferstecher. Bevorzugt Fichte, aber auch auf Douglasie und selten auf Kiefern, Tannen und Lärchen. In Deutschland und der Schweiz ist der Furchenflügelige Fichtenborkenkäfer die häufigste Borkenkäferart auf der Douglasie. Käfer 1,1–1,7 mm lang

Furchenflügeliger Fichtenborkenkäfer – *Pityophthorus pityographus*, Abb. 76

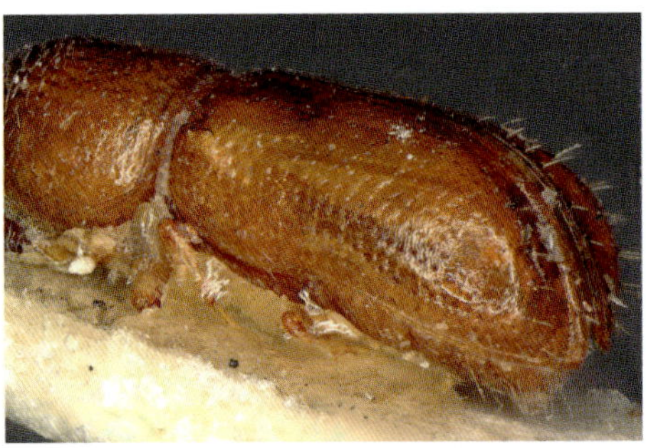

Der Furchenflügelige Fichtenborkenkäfer (Pityophthorus pityographus) weist im hinteren Flügeldeckenbereich eine gattungstypische Vertiefung parallel zur Flügeldeckennaht auf. Die Naht und die Furche sind arttypisch abstehend behaart. Ebenfalls arttypisch ist der Beginn der Vertiefung im letzten Drittel der Flügeldecken.

Das Weibchen des Furchenflügeligen Fichtenborkenkäfers (Pityophthorus pityographus) trägt auf der Stirn eine nach vorne gerichtete dichte Haarbürste.

Kupferstecher – *Pityogenes chalcographus*

73

Das Brutbild des Kupferstechers (Pityogenes chalcographus) in einem frühen Stadium. Die Rammelkammer ist nicht sichtbar. Die Muttergänge sind noch nicht in voller Länge vorhanden und enthalten beidseitig eng gestellte Ei-Nischen.

74

Anblick oben: Splintholz eines Zweiges. Anblick unten: Rindeninnenseite. Beide Objekte zeigen das Brutbild des Kupferstechers (Pityogenes chalcographus).

Lärche

6 2 bis 5-armiger Sterngang mit deutlicher Bevorzugung der Längsrichtung, Muttergänge 5–17 cm lang mit wenigen Ventilationslöchern. Larvengänge (4–8 cm lang) enggestellt, wenig geschlängelt. Puppenwiegen in der Rinde. Reifungsfraß der Jungkäfer im Anschluss an die Puppenwiegen oder in dendritischen Figuren. Bei hoher Besiedlungsdichte oder zu rascher Austrocknung der Borke suchen die Käfer frische und kräftige Bäume auf, um hier in dünnen, weniger als 4 cm starken Zweigen ihren Reifungsfraß in 3–6 cm langen Gängen zu vollziehen. Die benagten Zweige werden vom Wind gebrochen, analog zum Triebfraß der Waldgärtner-Arten (Absprünge). Diese besondere Art des Reifungsfraßes innerhalb der Gattung existiert nur bei *Ips cembrae*. Regenerationsfraß der Altkäfer in Form unregelmäßiger Erweiterungen der Muttergänge. An Europäischer Lärche und Japanlärche, selten an Tanne, Fichte, Zirbelkiefer (*Pinus cembra*) und Douglasie. Sehr häufig ist in der Baumkrone gleichzeitig der Kupferstecher. Manchmal tritt am selben Baum, im unteren Stammbereich, auch der Lärchenbockkäfer (*Tetropium gabrieli*) auf (Abb. 79). Überträger von Bläuepilzen. Käfer 4,5–6 mm, hell- bis schwarzbraun, gelblich behaart, besonders auf der Stirn und dem Halsschild, Körper lang-zylindrisch mit parallelen Seiten. Absturz auf beiden Seiten mit 4 Zähnen. Beim Weibchen schwächer ausgeprägt. Flügeldeckenabsturz vom 2. Zahn ab nahezu senkrecht (im Gegensatz zu *I. amitinus* und *I. typographus*). Absturzfläche glänzend, grob und weitläufig punktiert, längs der Flügeldeckennaht lang behaart (ungleich dem Buchdrucker)
Großer Lärchenborkenkäfer – *Ips cembrae*, Abb. 77–81

Wie der Buchdrucker (Ips typographus) hat auch der Große Lärchenborkenkäfer (Ips cembrae) acht Zähne am Absturz. Ebenso sind geknöpfte Zähne vorhanden.

Aufsicht auf den Absturz. Der Große Lärchenborkenkäfer (Ips cembrae) hat, im Gegensatz zum Buchdrucker (Ips typographus), an der Flügeldeckennaht im Absturz eine Reihe abstehender Haare.

Eine Larve des Großen Lärchenborkenkäfers (Ips cembrae) mit Kriechwülsten (rote Pfeile) an den Brustsegmenten.

Eine frischgeschlüpfte Puppe des Großen Lärchenborkenkäfers (Ips cembrae) mit den Resten der Larvenhaut.

75

Brutbild des Kupferstechers (Pityogenes chalcographus) und des Vierpunktprachtkäfers (Anthaxia quadripunctata).

Furchenflügeliger Fichtenborkenkäfer – *Pityophthorus pityographus*

76

Das sternförmige Brutbild des Furchenflügeligen Fichtenborkenkäfers (Pityophthorus pityographus) mit der Rammelkammer (roter Pfeil) im Splint.

Großer Lärchenborkenkäfer – *Ips cembrae*

77

Das Brutbild des Großen Lärchenborkenkäfers (Ips cembrae) auf der Rindeninnenseite.

Tanne

Die kleinen Brutbilder der Borkenkäfer beginnen in der Regel stammaufwärts nach den oft vergesellschaftet vorkommenden großen Brutbildern des Weißtannenrüsslers (*Pissodes piceae*) (siehe Tabelle III Rüsselkäfer S. 91).

7 Von platzförmigen Muttergängen mit Ausbuchtungen strahlen die Larvengänge aus. Die Larvengänge gehen nach allen Seiten. Bei dichter Besiedlung völlige Vermulmung der Rindenschicht. Die Puppenwiegen schürfen den Splint. Monogamer Rindenbrüter. Im Innern der Bastschicht von grünen Ästen, Zweigen und Gipfelteilen lebender Tannen (besonders an der Astunterseite). Starker Harzfluss im Kronenbereich. Durch den Reifungsfraß der Käfer entstehen krebsartige Wucherungen an den Ästen oder Stämmchen junger Bäume. Selten auch an Kiefern und Lärche, zunehmend an Douglasie. Käfer 1–1,8 mm lang, braun mit gekörntem Halsschild (Höckerfleck)
Kleiner Tannenborkenkäfer/Gekörnter Tannenborkenkäfer – *Cryphalus piceae*, Abb. 82–84

Der Kleine Tannenborkenkäfer (Cryphalus piceae) trägt Merkmale, die im Gelände aufgrund der geringen Käfergröße nicht so einfach zu erkennen sind. Der Halsschild hat am Vorderrand keine vorragenden Spitzchen. Der Käfer weist eine abstehende Behaarung auf. Die Punktreihen auf den Flügeldecken sind undeutlich. Auf dem Halsschild sind im vorderen Bereich Höckerchen. Fühler und Beine gelb.

→ Muttergang nicht platzförmig → **8**

8 Muttergänge als doppelarmige Quergänge (Klammergänge) mit Armlängen von 4–5 cm. In der Regel zu je zweien ein Brutbild in Form eines liegenden H (Doppelklammer) bildend. Häufig aber fehlende oder zusätzliche Arme. Rammelkammer meist in der Rinde liegend. Larvengänge meist dicht stehend, geschlängelt und überwiegend in Längsrichtung verlaufend sowie 6–7 cm lang. Bei Trockenheit deutlich länger. Mutter- und Larvengänge überwiegend in der Rinde. Puppen mehr oder weniger tief (bis 10 mm) im Splint mit Pfropf aus feinen Nagespänen. Brutbild der Geschwisterbrut oft unregelmäßig sternförmig (ähnlich dem *P. spinidens*-Brutbild). Meist in kränkelnden, entwurzelten, beschädigten oder absterbenden Tannen. Trockenstress fördert sehr die Käferbesiedlung. Häufigste Pityokteines-Art. Weitere Wirtsarten: Fichte, Lärche, Kiefer, Weymouth-Kiefer, Libanon-Zeder und Douglasie. Schwarzbrauner Käfer 2,5–3 mm lang. Männlicher Käfer: erster Absturzzahn senkrecht nach oben, zweiter großer Zahn hakenförmig nach innen gebogen (Name). Weibchen zeigen eine deutlich schwächere Bezahnung, dadurch sind die Weibchen der Pityokteines-Arten wesentlich schlechter zu unterscheiden
Krummzähniger Tannenborkenkäfer – *Pityokteines curvidens*, Abb. 85 + 86

78

Massiver Befall durch den Großen Lärchenborkenkäfer (Ips cembrae) an Lärche.

79

Das Brutbild des Großen Lärchenborkenkäfers (Ips cembrae) und des Lärchensplintbockes (Tetropium gabrieli) im unteren Stammabschnitt einer Lärche.

80

Anblick: Rindeninnenseite. Das Brutbild des Großen Lärchenborkenkäfers (Ips cembrae).

Aufsicht: Die artcharakteristischen und namensgebenden 2. Zähne sind deutlich nach innen gekrümmt beim Krummzähnigen Tannenborkenkäfer (Pityokteines curvidens, Männchen).

Seitenansicht: Der erste Zahn am Absturz weist nach oben (roter Pfeil), der zweite Zahn ist nach innen gekrümmt (grüner Pfeil) und der untere lange Zahn ist spitzkegelförmig (gelber Pfeil). Zwischen den zwei großen Zähnen befinden sich noch zwei kleine spitze Höckerchen. Dies ist die die arttypische Bezahnung des Krummzähnigen Tannenborkenkäfers (Pityokteines curvidens, Männchen).

Von links nach rechts: der Krummzähnige Tannenborkenkäfer (Pityokteines curvidens), der Mittlere Tannenborkenkäfer (Pityokteines vorontsovi) und der Spinidens-Tannenborkenkäfer (Pityokteines spinidens).

→ Brutbild sternförmig, meist 4-armig, selten bis 10 Arme, Länge 4–5 cm, selten bis 10 cm. Längere Arme richten sich zunehmend in Längsrichtung aus. Rammelkammer in der Rinde. Larvengänge dichtgestellt, überwiegend in Längsrichtung. Puppenwiegen nur schwach in den Splint eingetieft. Die Geschwisterbruten weisen oft nur zwei Muttergänge aus. Überwiegend in den oberen Stammteilen und Ästen. Kann aber auch in den unteren Stammabschnitten vergesellschaftet mit dem Krummzähnigen Tannenborkenkäfer vorkommen. Der Käfer hat eigentlich keinen deutschen Namen. Weitere Wirtsbaumarten: Nordmanntanne, Fichte, Orientalische Fichte, Lärche und selten Waldkiefer sowie Douglasie. Schwarzbrauner Käfer 2–2,8 mm lang. Männchen: 1. Hakenzahn fast horizontal, 2. Zahn lang und hakenförmig. Weibchen mit kleineren Zähnen

Spinidens-Tannenborkenkäfer – *Pityokteines spinidens*, Abb. 87

Das Männchen des Spinidens-Tannenborkenkäfers (Pityokteines spinidens) in Aufsicht.

Das Weibchen des Spinidens-Tannenborkenkäfers (Pityokteines spinidens) in Aufsicht.

81

Massiver Befall durch den Großen Lärchenborkenkäfer (Ips cembrae) an Douglasie (Splintholz).

Kleiner Tannenborkenkäfer/Gekörnter Tannenborkenkäfer – *Cryphalus piceae*

82

Frühes Brutbild des Kleinen Tannenborkenkäfers (Cryphalus piceae). Gut erkennbar sind die platzförmigen Muttergänge mit Ausbuchtungen. Die Larvengänge sind noch nicht angelegt.

Auf beiden Abbildungen ist ein Männchen des Spinidens-Tannenborkenkäfers (Pityokteines spinidens) zu sehen. Links ist der erste kleinere Zahn gut zu erkennen. Er weist nicht direkt nach oben. Rechts sieht man die Ausrichtung des zweiten Zahns. Er ist deutlich größer und stärker nach innen gebogen als beim Männchen des Krummzähnigen Tannenborkenkäfers (Pityokteines curvidens).

Auf beiden Fotos ist ein Weibchen des Spinidens-Tannenborkenkäfers (Pityokteines spinidens) zu sehen. Links der Absturz der Flügeldecken mit den wesentlich kleineren Zähnen; rechts die langen Haare auf Stirn und vorderem Halsschild. Diese Merkmale treten allgemein bei den Pityokteines-Weibchen auf.

83

Spätes Brutbild des Kleinen Tannenborkenkäfers (Cryphalus piceae) bei geringer Siedlungsdichte. Vom platzförmigen Muttergang gehen zahlreiche sich kreuzende Larvengänge aus. Am Ende der Larvengänge sind die Puppenwiegen (rote Pfeile) zu sehen.

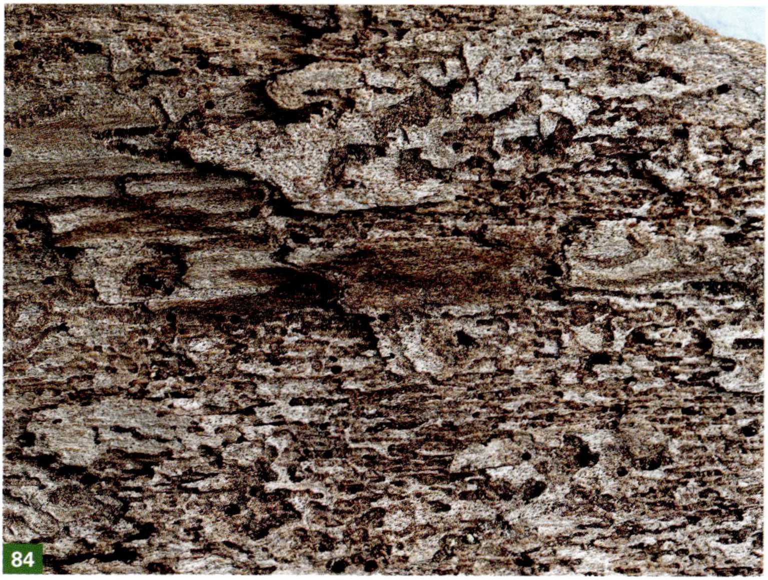

84

Spätes Brutbild des Kleinen Tannenborkenkäfers (Cryphalus piceae) bei hoher Siedlungsdichte.

→ Quer-sternförmiges Brutbild mit 2–8 Muttergängen. Diese meist länger als bei *P. spinidens*, stark in den Splint eigeschnitten und aus einer großen, auf dem Splint sichtbaren Rammelkammer entspringend. Muttergänge gehen ohne Bogen in die Horizontale. Muttergänge 4–5 cm, an schwachen Ästen 7 cm lang. Larvengänge 3–4 cm lang, vorwiegend in Längsrichtung verlaufend. Puppenwiegen im Splint oder in der Rinde. Meist in Wipfelstücken und bis in schwächere Äste (1 cm Durchmesser). Weitere Wirtsbaumarten: Nordmanntanne, Lärche, Fichte und Douglasie. Schmaler, schwarzbrauner Käfer 1,7–2,5 mm, 1. Hakenzahn schräg nach oben, 2. Zahn kürzer als bei den anderen Pityokteines-Arten, stark verdickt, fast waagrecht abstehend, mit schwacher Spitze

Mittlerer Tannenborkenkäfer – *Pityokteines vorontsovi*, Abb. 88

Das Männchen des Mittleren Tannenborkenkäfers (Pityokteines vorontsovi) zeigt in Seitenansicht zwischen dem 2. und letzten großen Zahn nur ein spitzes Höckerchen (roter Pfeil).

Der zweite Zahn ist beim Männchen vom Mittleren Tannenborkenkäfer (Pityokteines vorontsovi) fast nicht nach innen gebogen.

Der Absturz der Flügeldecken beim Männchen des Mittleren Tannenborkenkäfers (Pityokteines vorontsovi).

Das Weibchen des Mittleren Tannenborkenkäfers (Pityokteines vorontsovi) zeigt in Aufsicht die typische lange, abstehende Behaarung im vorderen Bereich.

Der Flügeldeckenabsturz des Weibchens vom Mittleren Tannenborkenkäfer (Pityokteines vorontsovi) mit geschlechtsspezifisch kleinen Zähnen.

Krummzähniger Tannenborkenkäfer – *Pityokteines curvidens*

85

Brutbilder des Krummzähnigen Tannenborkenkäfers (Pityokteines curvidens) in geringer Dichte.

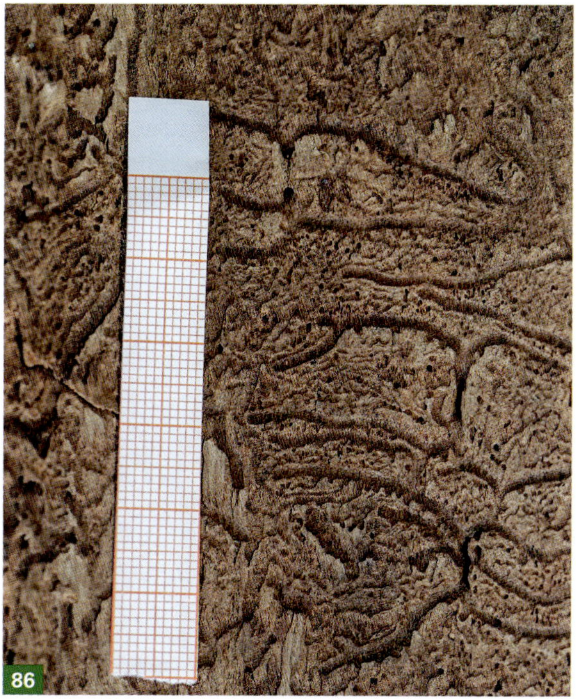

86

Brutbilder des Krummzähnigen Tannenborkenkäfers (Pityokteines curvidens) in sehr hoher Dichte.

Spinidens-Tannenborkenkäfer – *Pityokteines spinidens*

87

Das Brutbild des Spinidens-Tannenborkenkäfers (Pityokteines spinidens).

Tabelle II – Bockkäfer

1 Der Fraß beginnt in der Bastschicht (Platzfraß) und setzt sich Im Holzkörper fort oder liegt völlig im Holz **→ 3**

→ Der Fraß liegt größtenteils auf der Splintoberfläche und nur zur Verpuppung wird ein kurzer Gang, anfangs senkrecht, dann parallel zur Splintoberfläche angelegt (Hakengang) **→ 2**

→ Der Fraß findet ausschließlich in der Bastschicht statt, wobei Rinde und Splint mehr oder weniger berührt werden

Zur Unterscheidung der Käfer siehe Schlüssel D: Ergänzender Käferschlüssel: Bockkäfer (Seite 180)

Zangenböcke – *Rhagium* (*Abb. 89*)
***Gemeiner Zimmermansbock – Acanthocinus aedilis* (Abb. 225)**

Larve des Kleinen Zangenbocks (Rhagium inquisitor). Die Larve ist abgeflacht und hat eine breite und kräftige Kopfkapsel. Der rote Pfeil zeigt auf eines der insgesamt 6 Brustbeinchen. Von den Atemöffnungen (Stigmata) gehen die verzweigten Atemröhren (Tracheen) ab. Auf dem Rücken als auch auf dem Bauch befinden sich Kriechwülste (gelber Pfeil).

Mittlerer Tannenborkenkäfer – *Pityokteines vorontsovi*

88

Brutbild des Mittleren Tannenborkenkäfers (Pityokteines vorontsovi). Deutlich ist die große Rammelkammer sichtbar.

Zangenböcke – *Rhagium*

89

Das Brutbild des Kleinen Zangenbocks (Rhagium inquisitor) mit Kot und Bohrmehl gefüllten Fraßgängen.

Die Puppe des Kleinen Zangenbocks (Rhagium inquisitor) in ihrer Spanpolsterpuppenwiege unter der Fichtenrinde. Die Polsterwiegen sind typisch für alle Zangenbock-Arten.

Ein frischgeschlüpfter Kleiner Zangenbock (Rhagium inquisitor) in seiner Spanpolsterpuppenwiege mit den Resten der Puppenhaut unter der Fichtenrinde.

Kurzdeckenbock/Kleiner Wespenbock – *Molorchus minor*

90

Brutbild des Kurzdeckenbocks (Molorchus minor) im Splint.

Kiefernzweigbock – *Pogonocherus fasciculatus*

91

Das Brutbild des Kiefernzweigbocks (Pogonocherus fasciculatus).

2 an dünnen Zweigen von 2–4 cm Durchmesser. Fraßbild den Splint schürfend, an Kiefer und Fichte

→ Larve mit kleinen stummelartigen Beinchen und Gangwülsten. Die Larven ernähren sich anfangs zwischen Rinde und Holz und legen unregelmäßige, verschlungene, scharf ausgenagte Gänge an, die mit Bohrmehl gefüllt sind. Gelegentlich sind die Gänge zu Plätzen erweitert. Besiedelt nur abgestorbenes Holz (vor allem im Kronenbereich), auch berindete Zaunpfähle und dürre Äste und Zweige in Reisighaufen sowie Abfallholz mit Rinde in Sägewerken. Zur Verpuppung wird ein schräger Hakengang ins Holz genagt (bis 6 cm) und mit einem Spanpfropf verschlossen. An Fichte, Lärche, Kiefer, Tanne und Douglasie. Käfer 6–16 mm lang, verkürzte Flügeldecken, keulenförmig verdickte Schenkel

Kurzdeckenbock/Kleiner Wespenbock – *Molorchus minor*, Abb. 90
(Synon. *Caenoptera minor*)

Der Kurzdeckenbock (Molorchus minor) in Aufsicht.

→ Larve ohne Beine. Entwicklung in dünnen, abgestorbenen Zweigen und Ästen, die am Boden liegen oder in den Kronen älterer Kiefern. Die Larven legen unter der Rinde flache, scharfrandige, sich windende, unregelmäßige, mit Bohrmehl gefüllte Splintgänge an. Schließlich wird ein ins Holz führender, ca. 2 cm langer, mit einem Pfropf verschlossener Hakengang genagt. An Kiefern und Fichten. Larve mit Gangwülsten, Larve: 10–12 mm lang. Käfer 4,5–8 mm lang

Kiefernzweigbock – *Pogonocherus fasciculatus*, Abb. 91

Der Kiefernzweigbock (Pogonocherus fasciculatus) in Aufsicht. Deutlich ist die Antennenbehaarung zu sehen.

Fichtenböcke – *Tetropium castaneum und T. fuscum*

Die Fraßbilder der beiden Arten sind nicht unterscheidbar. Hier sind Käfer zur Artbestimmung erforderlich (siehe Schlüssel D: Ergänzender Käferschlüssel).

92

Das Brutbild des Gemeinen Fichtensplintbockes (Tetropium castaneum). Im Vordergrund sieht man zwei Puppenwiegengänge. Der rechte Gang ist noch mit grobem Genagsel gefüllt. An der Holzoberfläche sind die flachen Fraßgänge der Larve und die längsovalen Einbohrlöcher zu erkennen.

93

Puppenwiegenhakengang des Gemeinen Fichtensplintbockes (Tetropium castaneum).

Der Kiefernzweigbock (Pogonocherus fasciculatus) in Seitenansicht. Im hinteren Teil tragen die Flügeldecken schwarze Haarbüschel.

→ Im Stammbereich, Gänge vornehmlich in Längsrichtung dicht mit braun und hellgelb gemischtem Fraßmehl verstopft, sowohl Splint als auch Rinde ca. 2 mm schürfend

Tetropium (3 Arten): – vor allem an Fichte (2 Arten): der Gemeine Fichtensplintbock (*Tetropium castaneum*) entwickelt sich bevorzugt in Fichten-Arten, seltener (aber im Gebirge häufiger) in Tannen, Lärchen und Kiefern. Der Braune Fichtensplintbock (*Tetropium fuscum*) bevorzugt stark die Fichte, kann aber auch in Tannen und Kiefern vorkommen

Fichtenböcke – *Tetropium castaneum* (Abb. 92, 93, 156 , 233, 234) und *T. fuscum* (Abb. 156, 232) S. 184

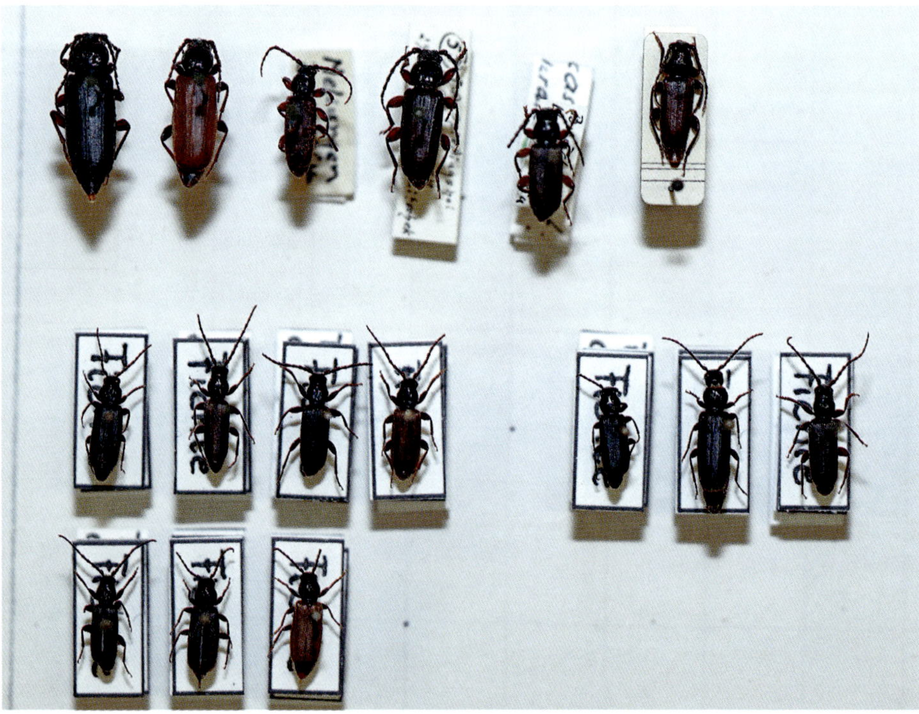

Die Variabilität des Gemeinen Fichtensplintbockes (Tetropium castaneum).

Lärchenbock – *Tetropium gabrieli*

94

Anblick: Splintholz. Das Lärchenbock-Brutbild (Tetropium gabrieli). Das Bohrmehl ist gemischt und nicht wolkig.

Blauer Scheibenbock/Violetter Schönbock – *Callidium violaceum*

Die Larve des Blauen Scheibenbocks (Callidium violaceum) nagt breite Flächen auf dem Splint aus. Die Nagespuren sind deutlich im Splint zu sehen.

95

→ ausschließlich an Lärche

Lärchenbock – *Tetropium gabrieli* S. 185

→ Im Stammbereich, die Larvengänge erweitern sich platzartig oft bis Handtellergröße. Bohrmehl rein hellbraun, da die Oberfläche des Splintholzes stark befressen wird. Larve vorwiegend in Nadelholz, vor allem Fichten und Kiefern, aber auch Lärchen und Tannen sowie Douglasie; seltener in Laubholz wie die Esskastanie, Eichen, Buchen und Weiden. Die Eier werden an frisch abgestorbenen Nadelbäumen aber auch an gelagertes, ausgetrocknetes und berindetes Holz (z. B. Seitenbretter und Kanthölzer mit Rindenresten) abgelegt. Oft auch in Zäunen, hölzernen Unterständen und Dachsparren. Verpuppung tief im Holz. Gänge flach (bis 4 mm) und bis 1 cm breit. Käfer flach, blau oder violett, 10–15 mm lang. Häufiger als der Erzfarbene Scheibenbock (*Callidium aenum*). Der Blaue Scheibenbock ist im Anhang 1 der BArtSchV und besonders geschützt nach BNatSchG

Blauer Scheibenbock/Violetter Schönbock – *Callidium violaceum*, Abb. 95 + 96, 156

Der flache Blaue Scheibenbock (Callidium violaceum) ist charakterisiert durch seine Färbung. Arttypisch sind auch die braunen Flecken am seitlichen Ende der Flügeldecken.

3 Fraß in verbautem Holz unter Schonung der Oberfläche, auch bei völliger Zerstörung des Holzkörpers. Kein Bohrmehlauswurf. Tritt Bohrmehl aus, so ist dies meist auf einen zusätzlichen Befall einer anderen Art zurückzuführen oder auf externe Erschütterungen (Sturm, Erdbeben). Gänge oval, ebenso Ausfluglöcher (4–7 mm). Frisches Holz kann nicht, älteres Holz (über 80 Jahre) und technisch getrocknetes Holz nur selten befallen werden. Larvenentwicklungszeit: 3–6 Jahre. Aufgrund des geringen Nährstoffgehalts kann sich die Entwicklung der Larve über 15 Jahre hinziehen. Larven-Nagegeräusche hörbar. Bei massivem Auftreten Einsturzgefahr. Kulturfolger. Auch freilebend in Nadelwäldern vorkommend. Dort Entwicklung in toten, trockenen Stämmen und in Baumstümpfen von Kiefern, Fichten und Tannen. Oft auch in Stallungen. Käfer 7–21 mm lang, kurze Antennen

Hausbock – *Hylotrupes bajulus*, Abb. 97 + 98

96

Im Brutbild des Blauen Scheibenbocks (Callidium violaceum) verstopfen die Larven die Gänge unter der Rinde mit hellem Bohrmehl. Im Querschnitt ist ein flacher Gang im Holz zu einer Puppenwiege erkennbar.

Hausbock – *Hylotrupes bajulus*

97

Das querangeschnittene Hausbock-Fraßbild (Hylotrupes bajulus) erinnert an ein Rossameisen-Nest (Camponotus). Allerdings sind in Rossameisennestern die Gänge nie mit Bohrmehl gefüllt.

Hausbock-Käfer (Hylotrupes bajulus) sind recht größenvariabel. Auch die Behaarung kann deutlich dunkler sein als in der Fotografie. Arttypisch sind zwei paarig angeordnete unbehaarte, glänzende, längliche Flecken auf dem Halsschild. Die Weibchen weisen eine kurze Legeröhre auf.

→ An liegenden und stehenden Stämmen **➔ 4**

4 An abgestorbenen oder länger liegenden Stämmen, im unteren Stammteil, aber auch bis in mehrere Meter Höhe und in Stümpfen sowie oberflächlichen Wurzeln. Nach mehr oder weniger ausgedehntem Fraß in der Bastschicht dringen die Larven in das Holz ein und fressen im gesamten Holzkörper. Fraßgänge wenig gewunden und fest mit Kot, Genagsel und längeren Holzspänen vollgestopft. Einbohrloch in charakteristischer Weise mit feinem weißem Bohrmehl verstopft. Die Entwicklung kann auch in verbautem Holz abgeschlossen werden. Ein Neubefall von diesem Holz aus findet nicht statt. Besonders in Kiefer. Käfer 1–3 cm, große behaarte Augen
Haaraugen-Halsgrubenbock – *Arhopalus rusticus*, Abb. 99 + 100
(Syn. *Criocephalus rusticus*)

Der Haaraugen-Halsgrubenbock (Arhopalus rusticus) mit den gattungstypischen paarigen Vertiefungen im Halsschild.

98

Das längsgeschnittene Hausbock-Fraßbild (Hylotrupes bajulus) zeigt deutliche Nagespuren („Riffelmarken“, roter Pfeil) der Larven. Diese Marken existieren nicht in einem Rossameisen-Nest (Camponotus).

Haaraugen-Halsgrubenbock – *Arhopalus rusticus*

99

Das Brutbild des Haaraugen-Halsgrubenbocks (Arhopalus rusticus) im Längsschnitt.

Der Haaraugen-Halsgrubenbock (Arhopalus rusticus) mit den arttypischen behaarten Augen (gelber Pfeil).

→ An saftführendem nicht trockenem Holz. Platzfraß mit einem ins Holz führenden Gang. Befall durch ausgeworfene grobe und lange Späne leicht erkennbar.

Monochamus-Arten – „Handwerkerböcke“:
Fast ausschließlich an Fichten, besonders alten und starken Stämmen. Auch an Kiefer, selten an Tanne

Schneiderbock – *Monochamus sartor* S. 180

Vornehmlich an Fichten, Wipfeln und Stangen. Auch an Kiefern und Tannen

Schusterbock – *Monochamus sutor* S. 181

Fast ausschließlich an Kiefern, mittleren und oberen Stammabschnitten, auch in Stangenhölzern. Selten an Fichte

Bäckerbock – *Monochamus galloprovincialis* S. 180 + 181

100

Das Brutbild des Haaraugen-Halsgrubenbocks (Arhopalus rusticus) im Querschnitt.

Großer Brauner Rüsselkäfer – *Hylobius abietis*

101

Der Pockennarbenfraß durch den Käfer des Großen Braunen Rüsselkäfers (Hylobius abietis).

102

Der Larvenfraß (Großer Brauner Rüsselkäfer) an einer Stubbenwurzel.

Tabelle III – Rüsselkäfer (ohne Borkenkäfer)

Größenvergleich verschiedener Rüsselkäferarten (von links nach rechts): 2 × Großer Brauner Rüsselkäfer (Hylobius abietis), Kiefernkulturrüssler (Pissodes castaneus), Kiefernbestandsrüssler (P. pini), Kiefernzapfenrüssler (P. validirostris), Erlenwürger (Cryptorhynchus lapathi), Buchenspringrüssler (Rhynchaenus fagi), Eichelrüssler (Curculio glandium).

1 Das Fraßbild befindet sich am Stamm, die Larvengänge laufen strahlenförmig auseinander, Verpuppung in Splintnischen, die mit Holzfasern überdeckt sind (Spanpolsterwiegen)

Pissodes-Arten → 2

→ Der Larven-Fraß findet an Stümpfen und Wurzeln statt, mit zunehmender Breite furchen die Larvengänge den Splint. Verpuppung im Splint. Eingangsloch mit Nagespänen verstopft. Der eigentliche forstwirtschaftliche Schaden entsteht durch den sogenannten Pockennarbenfraß der Käfer an jungen Nadelbaum-Pflänzchen. Der Rüsselkäfer benagt platzartig von außen die Rinde bis auf den Splint. Dadurch entstehen trichterförmige Wunden. An den Wundrändern tritt Harz aus. Umfassen die erbsen- bis bohnengroßen Wunden das Stämmchen, so wird der Saftfluss unterbrochen und die Pflanze stirbt ab. Der Käfer tritt in allen Nadelwäldern mit frischen Nadelholzstubben (Sturmschadensflächen, Borkenkäferbefallsflächen) auf. Bei hoher Individuendichte werden auch Birken, Eichen und Buchen beeinträchtigt. Der Käfer ist 8–14 mm lang. Die Fühler sind an der Spitze des Rüssels inseriert (im Gegensatz zu den Pissodes-Arten)

Großer Brauner Rüsselkäfer – *Hylobius abietis*, Abb. 101 + 102

Großer Brauner Rüsselkäfer (Hylobius abietis).

Der Große Braune Rüsselkäfer (Hylobius abietis) ist in der Größe recht variabel.

Harzrüssler – *Pissodes harcyniae*

103

Brutbild des Harzrüsslers (Pissodes harcyniae). In der Rindeninnenseite ist das scharfkantige Gangsystem mit braunem Bohrmehl und Larvenkot kompakt verfüllt. Die Spanpolsterwiegen für die Puppen sind innen geglättet und außen grob gestaltet (hier angeschnitten). Sie werden aus Splintholz geformt und bestehen deshalb aus hellem Holz.

104

Die Larven des Harzrüsslers (Pissodes harcyniae) fressen in der Rinde. Auf dem Splint sieht man nur einen Schatten des Gangsystems. Es ist ohne erkennbare Ordnung. Zur Anlage der Spanpolsterwiege wird eine ca. 1 cm längsovale Vertiefung in den Splint genagt.

105

Die Larve des Harzrüsslers (Pissodes harcyniae) legt die Spanpolsterwiege in und auf der zuvor genannten längsovalen Vertiefung im Splint an. Die Wiege ist meist ca. 1,4 cm lang und ragt etwas über dem Splint auf. Das Ausschlupfloch des Käfers zeigt zur Rindeninnenseite.

Die Puppenwiege des Großen Braunen Rüsselkäfers (Hylobius abietis) in einer Stubbenwurzel. Länge der Puppenwiegen: 4–6,5 cm.

Die Puppen des Großen Braunen Rüsselkäfers (Hylobius abietis).

2 An Kiefer (die Artansprache der Pissodes-Spezies anhand der Käfer ist im Kapitel **„Ergänzender Käferschlüssel" Seite 185** unter Pissodes dargestellt). Nicht alle Brutbilder sind spezifisch genug um die Art zu bestimmen. **→ 3**

→ An Fichte, Larvengänge bis 80 cm lang. Puppenwiegen greifen tief in den Splint und sind mit länglichen Spänen gepolstert.

Die Lebensweise der Pissodes-Arten, ausgenommen den Kieferzapfenrüssler (*Pissodes validirostris*), ist recht ähnlich. Die Eier werden gruppenweise (1–30) in vom Weibchen in die Rinde genagte Gruben abgelegt. Die Larvengänge sind anfangs sehr fein (Verwechslungsgefahr mit Junglarvengängen vom Blauen Kiefernprachtkäfer – *Phaenops cyanea*), später bis 4 mm breit und fest mit dunkelbraunem Bohrmehl sowie Larvenkot gefüllt. Häufig verlaufen sie sternförmig. Die Puppenwiege wird mehr oder weniger in den Splint eingesenkt und kokonartig mit Spänen gepolstert und überdeckt (= Spanpolsterwiege, typisches Gattungsmerkmal für Pissodes). Das Schlupfloch der Jungkäfer ist kreisrund. Nach dem Schlupf führen die Käfer einen ausgedehnten Reifefraß an Rinde (Stichfraß, nicht flächig) und Nadeln aus. Die Käfer sind langlebig und können 2–3 Mal überwintern.

Bei der Anlage der Eigruben durch das Harzrüssler-Weibchen tritt Harz aus, die Bäume sehen dadurch weiß gesprenkelt aus, während Harz, welches aus Borkenkäfer-Einbohrlöchern austritt, weiß streifig am Stamm antrocknet. In der Regel werden 1–2, aber auch 3–5 Eier je Grube abgelegt. Die aus den Puppenwiegen kommenden Jungkäfer werden häufig beim Reifefraß in Kulturen angetroffen. Die Weibchen suchen normalerweise kränkelnde oder unterdrückte Bäume auf; verstärkt solche mit Rotfäule- oder Hallimaschbesatz bzw. mit Insektenfraßschäden. Bei

Weißtannenrüssler – *Pissodes piceae*

106

Hier ist der Eiablageplatz vom Weißtannenrüssler (Pissodes piceae) in einer Weißtanne zu sehen. Strahlenförmig gehen vom Eiablageplatz die sehr dünnen Gänge (unter 1 mm breit) der ersten Larven ab. Später werden diese von den wesentlich breiteren Gängen der älteren Larven überkreuzt.

107

Die Puppenwiegen des Weißtannenrüsslers (Pissodes piceae) greifen das Splintholz weniger an als bei anderen Pissodes-Arten. Sie sind oft mit braunem Polster ausgekleidet, das mehr dem Bast und der Rinde als dem Holz entstammt.

Massenvermehrung gehen sie auch an völlig gesunde Bäume über, werden von diesen aber (im Gegensatz zum Buchdrucker) meist abgewehrt. Dabei werden die Larvengänge völlig mit Harz ausgefüllt und mit einer Korkschicht abgekapselt. Daran ist misslungener *Pissodes*-Befall auch äußerlich erkennbar. Käfer 5–6,5 mm

An Fichte, selten an Kiefer

Harzrüssler – *Pissodes harcyniae*, Abb. 103–105, 114

→ An Tanne. Larvengänge entspringen einem Punkt und gehen zuerst strahlenförmig ab (Abb. 106), danach zunehmend senkrechte Orientierung nach oben und unten, die durchschnittlich 50 cm langen Larvengänge verlaufen demnach in der Rinde in Längsrichtung und sind parallel zueinander angelegt, sie sind mit braunem Bohrmehl gefüllt, verbreitern sich allmählich und enden in einer Spanpolsterwiege, in der die Verpuppung erfolgt. Die Spanpolsterwiege liegt zwischen Rinde und Holz, bei sehr dicker Borke auch in der Borke. Larve: typische Pissodes-Larve. Käfer: siehe Abb. 238 auf S. 187. Das bis zu 1 m große Brutbild findet man meistens im dickeren Stammbereich. Die am Stammfuß befallener Bäume überwinternden Käfer verlassen im Mai diese Orte und nagen bevorzugt an der Schnittfläche frischer Stubben in deren Kambialring, aber auch an glatten Rindenteilen bis hinauf ins Astwerk, kleine Gruben zum Ernährungs- und Brutvorbereitungsfraß aus. In etwas tieferen ausgehöhlten Gruben, die eng benachbart angelegt werden können, werden 10–20 Eier abgelegt. Käfer 7–10 mm

Weißtannenrüssler – *Pissodes piceae, Abb. 106 + 107*

3 Fast ausschließlich an jüngeren Kiefern und Stangen (bis ca. 15 Jahre). Puppenwiegen nur flach eingesenkt und mit grobem Bohrmehl ausgekleidet.

Die Hauptbrutpflanze ist die Kiefer im Alter von 3–15 Jahren, selten auch ältere Bäume. Die Eier werden in Gruppen von 4–8 an den unteren Astquirlen abgelegt. Die Larvengänge verlaufen meist eng geschlängelt stammabwärts. Die Puppenwiegen sind aus grobfaserigen Spänen gebildet und werden vorzugsweise am Wurzelhals angelegt. Überwinterung als Käfer, seltener als Larve oder Puppe. Der Kiefernkulturrüssler tritt in der Regel gemeinsam mit weiteren Arten, z. B. *Pityogenes bidentatus* oder Magdalis spec. auf. Auch nach Befall durch Hallimasch oder Kiefernschütte werden die kränkelnden Pflanzen besiedelt. Größte Bedeutung erlangt der Befall von Kulturen jedoch in Dürrejahren. Die Ausfälle in Kulturen sind besonders an ärmeren und trockenen Standorten beträchtlich. Nicht selten ist allerdings auch zu beobachten, dass schlechte Pflanzqualität die Ursache für Massenvermehrungen in Kulturen ist. Käfer 5–7 mm

Kiefernkulturrüssler – *Pissodes castaneus*, Abb. 108–111, 114
(Syn. *P. notatus*)

→ Kiefern-Stangenhölzer von 30 bis 50 Jahren sind bevorzugter Brutort. Puppenwiegen tief eingesenkt und mit staubfeinem Bohrmehl ausgepolstert.

Der Käfer siedelt bevorzugt im Stammbereich von Kiefernstangenhölzern im Alter von 30–40 Jahren, häufig jedoch auch in älteren Beständen. An stärkeren Stämmen werden vorrangig Äste und der Spiegelrindenbereich (dünne Rinde) besiedelt. Das Fraßbild ist durch die stark gewundenen, oft sogar umkehrenden Larvengänge sehr unregelmäßig. Die Spanpolsterwiegen sind häufig etwas kleiner im Vergleich zu anderen *Pissodes*-Arten. Käfer 4–5 mm

Kiefernstangenrüssler – *Pissodes piniphilus*, Abb. 112–114

Kiefernkulturrüssler – *Pissodes castaneus*

108

Die Spanpolsterpuppenwiegen des Kiefernkulturrüsslers (Pissodes castaneus) am Wurzelhals.

109

Ausbohrlöcher (rote Pfeile) der Jungkäfer des Kiefernkulturrüsslers (Pissodes castaneus). Unter der Rinde ist das dunkelbraune Bohrmehl vermischt mit Larvenkot zu erkennen.

110

Noch geschlossene Spanpolsterpuppenwiegen des Kiefernkulturrüsslers (Pissodes castaneus) im Wurzelhalsbereich.

→ An Altkiefern. Puppenwiegen sind mit groben Spänen ausgekleidet.

Besiedelt werden vornehmlich ältere Kiefern unter Bevorzugung der starkborkigen Bereiche, nicht selten werden aber auch Stangenhölzer angegriffen. Die Eizahl in den Eigrübchen ist beträchtlichen Schwankungen unterworfen, von 4–6 bis maximal 30 Stück. Das Fraßbild ist in der Regel deutlich strahlenförmig. Die Puppenwiegen sind mit groben Spänen ausgepolstert, bei dünner Rinde liegen sie zuweilen völlig im Holz. Auch in Stöcken. Käfer 6,2–9 mm

Kieferbestandesrüssler/Kiefernaltholzrüssler – *Pissodes pini*, Abb. 114–116

111

Die Larven des Kiefernkulturrüsslers (Pissodes castaneus) schürfen nur relativ flach das Splintholz für die Puppenwiege – im Gegensatz zum Kiefernstangenrüssler (Pissodes piniphilus).

Kiefernstangenrüssler – *Pissodes piniphilus*

112

Brutbild des Kiefernstangenrüsslers (Pissodes piniphilus).

Tabelle IV – Prachtkäfer

1 Das Fraßbild findet sich am Stamm → **2**

→ Der Fraß findet vorzugsweise an den Stämmchen junger Nadelbäume, Ästen, Zweigen und dünnborkigem Material in absterbendem oder frisch abgestorbenem Zustand statt. An Fichte (bevorzugt), Tanne, Lärche und Kiefern. Auch im Schlagabraum und berindeten Zaunpfählen. Sehr häufig. Die unregelmäßig gewundenen, in Längsrichtung verlaufenden und mit wolkigem Bohrmehl vollgestopften Gänge zeichnen sich scharfrandig auf dem Splintholz ab und sind den Gängen der Kleinen Wespenböcke (*Molorchus minor*) ähnlich. Deren Bohrmehl ist aber nicht gebändert. Die Vierpunkt-Kiefernprachtkäferlarve ist fußlos und mit kochlöffelartig verbreitertem 1. Brustsegment. Zur Verpuppung Haken- oder Bogengang ins Holz. Käfer 4,8–8 mm lang, gedrungene Körperform, dunkelbraun bis mattschwarz mit leichtem Kupferglanz, unbehaarte Stirn, vier namensgebende Grübchen auf dem Halsschild

Vierpunkt-Kiefernprachtkäfer – *Anthaxia quadripunctata*, Abb. 117 + 152

Der Vierpunkt-Kiefernprachtkäfer (Anthaxia quadripunctata). Man beachte die namensgebenden vier Vertiefungen auf dem Halsschild.

Prachtkäfer-Größenvergleich. Von links nach rechts: Vierpunkt-Kiefernprachtkäfer (Anthaxia quadripunctata), Goldpunkt-Laubholz-Prachtkäfer (Chrysobothris affinis), Goldpunkt-Nadelholz-Prachtkäfer bzw. Goldgruben-Kiefernprachtkäfer (Chrysobothris solieri), Zweifleckiger Eichenprachtkäfer (Agrilus biguttatus) und Buchenprachtkäfer (Agrilus viridis). Der Größenunterschied zwischen den beiden Agrilus-Arten ist oft deutlich geringer. Mit Ausnahme des Goldpunkt-Laubholz-Prachtkäfers (Chrysobothris affinis) sind alle anderen Chrysobothris-Arten im Anhang 1 der BArtSchV und besonders geschützt nach BNatSchG.

113

Die Larven des Kiefernstangenrüsslers (Pissodes piniphilus) legen tiefe Puppenwiegen an.

Kieferbestandesrüssler – *Pissodes pini*

114

Hier sind die Spanpolsterpuppenwiegen von Pissodes castaneus, P. piniphilus, P. pini und P. harcyniae (von links nach rechts) im gleichen Maßstab zu sehen.

2 Der Splint wird auch durch die Altlarvengänge nur berührt, nicht geschürft. Die Larven bohren sich in die saftreiche Kambium- und Phloemzone. Die zickzackförmig gewundenen Gänge (bis 10 mm breit, bis 30 cm lang) der Larven verlaufen überwiegend quer zur Faserrichtung (teilweise auch in der Borke) und überkreuzen sich häufig. Sie sind mit wolkigem Bohrmehl gefüllt. Larven bis 28 mm lang und Kochlöffel-förmig. Die Larven des 1. und 2. Stadiums fressen bis 2 mm breite, mit schwarzbraunem Bohrmehl gefüllte Gänge in der Bastschicht (Verwechslungsgefahr mit *Pissodes*-Arten). Mit zunehmendem Alter dringen die Larven tiefer in die Borke ein. Das Xylem wird meist nicht tangiert. Darin unterscheiden sich die Gänge von den Goldgruben-Kiefernprachtkäfer-Larvengänge (*Chrysobothris solieri*), die oft im selben Habitat vorhanden sind. Verpuppung in der Rinde, selten, nur bei zu dünner Rinde flach unter der Splintoberfläche. Der dunkelblaue (selten dunkelgrünliche) Käfer (7–12 mm lang) verlässt ab Ende Mai den Brutbaum über ein scharfkantiges, oft schräg gestelltes ovales Ausfluglochs (6 × 3 mm groß). Das Ausschlupfloch ist flacher als das typische Agrilus-Ausschlupfloch. Das Brutbild ist vorwiegend in den Bereichen stärkerer Rinde, d. h. im unteren Stammteil. Es besteht eine enge Bindung an die Waldkiefer (*Pinus sylvestris*); aber auch andere exotische Kiefernarten werden genutzt. Der Larvenfraß kann zum plötzlichen Absterben der Bäume in 40 bis 60-jährigen Kiefernbeständen führen. Die Rinde fällt von den Stämmen ab, dabei bleiben aber die Baumkronen noch grün. Der verwandte **Kleine Blaue Kiefernprachtkäfer** (*Phaenops formaneki*; Käfer 6–12 mm lang) tritt vorzugsweise in der Krone und in Kiefernstangenhölzern auf. Deren sehr ähnlichen Larvengänge sind bis 7 mm breit und sie schürfen auch das Splintholz

Blauer Kiefernprachtkäfer – *Phaenops cyanea*, Abb. 118

Der Blaue Kiefernprachtkäfer (Phaenops cyanea) hat auf dem Halsschild eine deutlich erkennbare Mittellinie. Diese fehlt dem Kleinen Blauen Kiefernprachtkäfer (Phaenops formaneki).

Die Raupe des Blauen Kiefernprachtkäfers (Phaenops cyanea).

115

Die relativ große Spanpolsterpuppenwiege des Kiefernbestandesrüsslers (Pissodes pini). Sie ist aus groben Spänen aufgebaut.

116

Die Larvengänge des Kiefernbestandesrüsslers (Pissodes pini). Da die Eiablage in Häufchen erfolgt, zeigen die Larven den typischen „Strahlenfraß".

Tabelle V – Brutbilder im Zapfen

1 Es werden Fichtenzapfen genutzt → **2**

→ Es werden Kiefernzapfen genutzt → **3**

2 Die Schuppen werden charakteristisch symmetrisch befressen, beiderseits der Mittelrippe von der Basis aus (ankerförmiges Fraßbild). In den noch grünen Zapfen werden die Samen befressen und die Schuppen benagt. Die Zapfenspindel wird nicht genutzt. Zapfen harzen. Raupe bis 3 cm lang, Kopf und Nackenschild braun, Leib schmutzig rötlich bis braun mit doppelter Rücken- und feiner Seitenlinie. Außer in Fichtenzapfen auch in Zapfen der Kiefer, Lärche, Weißtanne und der Nordmanntanne. Auch in Wipfeltrieben junger Fichten und weiteren Nadelgehölzen (z. B. Douglasien) fressend

Fichtenzapfenzünsler/Fichtentriebzünsler – *Dioryctria abietella*, Abb. 119 + 120

Der Fichtenzapfenzünsler (Dioryctria abietella).

→ Die Zapfenspindel wird ausgehöhlt. Von dort aus werden die Samen befressen. In der Spindel findet man auch braunen, krümeligen Raupenkot. Die Zapfen können eingekrümmt sein. Oft tritt Harz aus. Räupchen bis 1,2 cm lang, Kopf hellbraun, Nackenschild hellgelb, Leib gelblich-weiß. Fressen gesellig in der Spindel von Fichtenzapfen. Ältere Raupenstadien auch an Zapfenschuppen und Samen. Zapfen können vorzeitig abfallen. Puppen schieben sich zwischen den Zapfenschuppen hervor

Fichtenzapfenwickler – *Cydia (Syn. Laspeyresia) strobilella*, Abb. 121

Vierpunkt-Kiefernprachtkäfer – *Anthaxia quadripunctata*

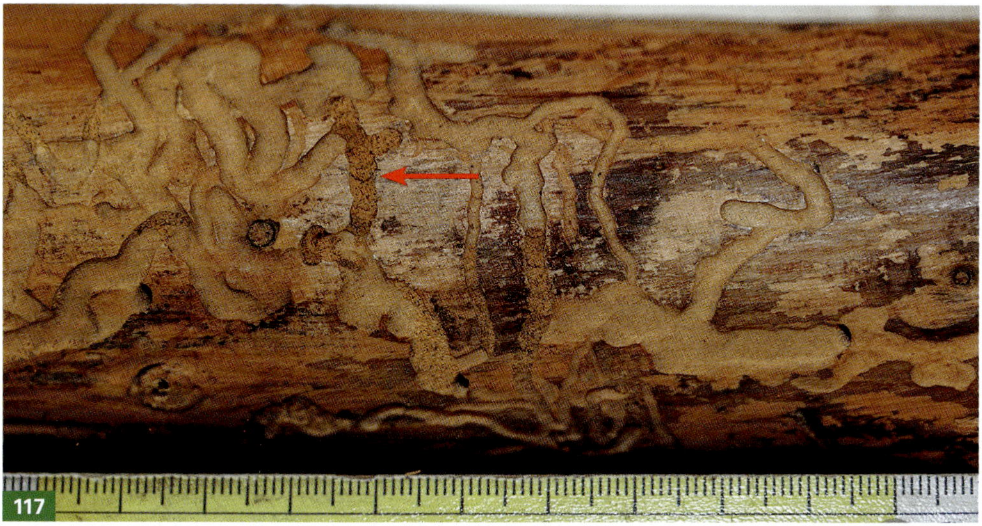

117

Das Brutbild des Vierpunkt-Kiefernprachtkäfers (Anthaxia quadripunctata). Das wolkige Bohrmehl zeigt eine Bänderung (roter Pfeil).

Blauer Kiefernprachtkäfer – *Phaenops cyanea*

118

Das Brutbild des Blauen Kiefernprachtkäfers (Phaenops cyanea) mit den wolkig mit Bohrmehl gefüllten Larvengängen.

Der Fichtenzapfenwickler – Cydia strobilella

Die Raupe des Fichtenzapfenwicklers (Cydia strobilella). Oben Bauchansicht, unten Rückenansicht.

Nach dem Schlupf des Falters bleibt die leere Puppenhülle des Fichtenzapfenwicklers (Cydia strobilella) zwischen den Zapfenschuppen zurück.

→ Zapfen äußerlich normal entwickelt. Zapfenspindel und Samen werden ausgefressen. Eingekrümmte Käferlarve mit drei Paar Brustbeinen. Zapfen meist gekrümmt, mit Harzfluss. Käfer 3–4 mm lang

Fichtenzapfen-Klopfkäfer – *Ernobius abietis*, Abb. 122

Der Fichtenzapfen-Klopfkäfer (Ernobius abietis) hat große Augen und dünne Fühler.

Fichtenzapfenzünsler/Fichtentriebzünsler – *Dioryctria abietella*

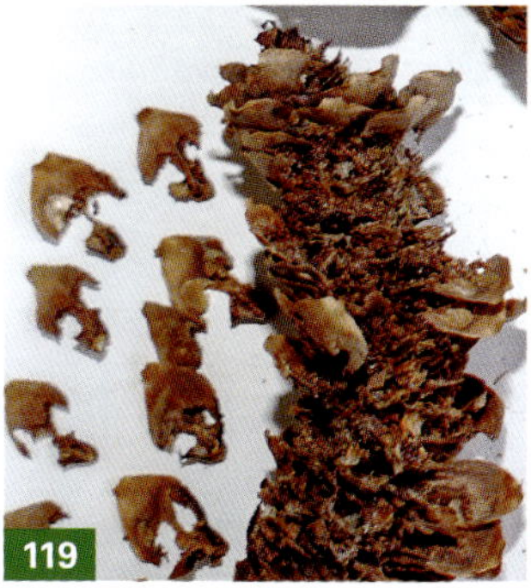

119 Das Fraßbild des Fichtenzapfenzünslers (*Dioryctria abietella*).

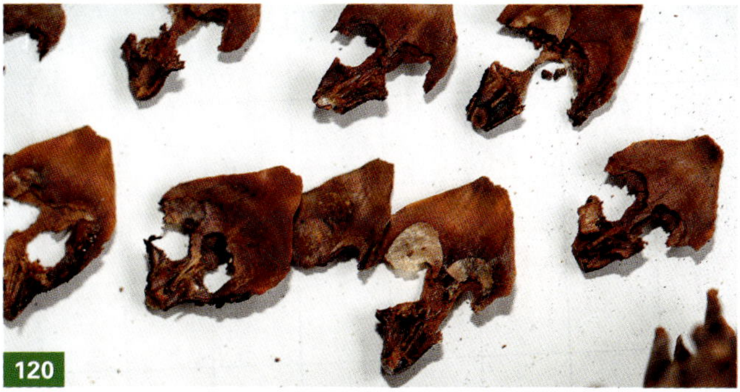

120 Der Ankerfraß an den Zapfenschuppen durch die Raupen des Fichtenzapfenzünslers (*Dioryctria abietella*).

Fichtenzapfenwickler – *Cydia* (Syn. *Laspeyresia*) *strobilella*

121 Raupe und Puppe des Fichtenzapfenwicklers (*Cydia strobilella*) in der Spindel des Zapfen. Deutlich ist das Bohrmehl erkennbar und etwas Raupenkot.

Fichtenzapfen-Klopfkäfer – *Ernobius abietis*

122 Das Brutbild des Fichtenzapfen-Klopfkäfers (*Ernobius abietis*).

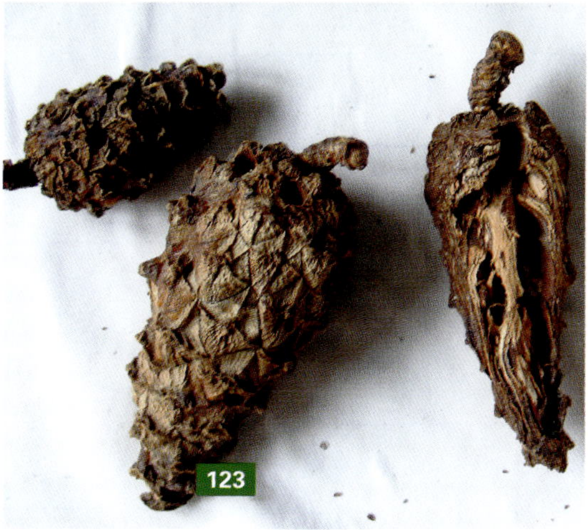

123 Durch den Kieferzapfenrüssler (*Pissodes validirostris*) befallene Kiefernzapfen. Sie sind geschlossen und innen ausgehöhlt. Rechtes Exemplar zwecks Innenansicht eröffnet. An den kompletten Zapfen sind die kreisrunden Ausflugslöcher gut zu erkennen.

3 An Waldkiefer (*Pinus sylvestris*) und Zirbelkiefer/Arbe (*Pinus cembra*). Die befallenen Kiefern- und Zirbenzapfen (*Pinus cembra*) sind zugespitzt. Die Schuppen nur teilweise ausgebildet. Diese Zapfen fallen früher ab und weisen ein kreisrundes Ausflugsloch auf.

Kieferzapfenrüssler – *Pissodes validirostris*

Ungleicher Holzbohrer – *Anisandrus dispar*

124

Das Brutbild des Ungleichen Holzbohrers (Anisandrus dispar).

Kleiner Holzbohrer – *Xyleborus saxeseni*

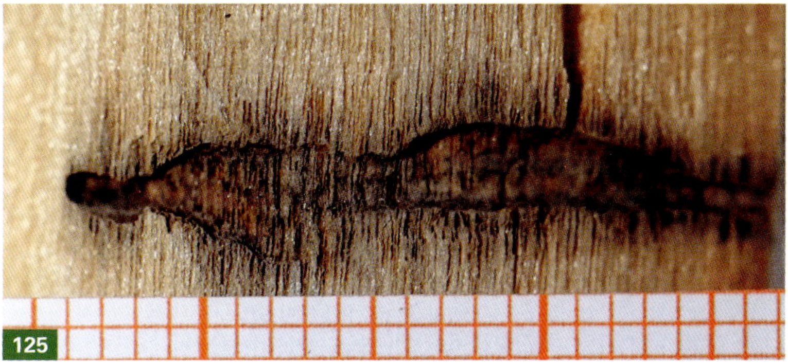

125

Taschenartige Erweiterung des Mutterganges durch die Larven des Kleinen Holzbohrers (Xyleborinus saxeseni) im Längsschnitt.

126

Anschnitte von mehreren Brutsystemen des Kleinen Holzbohrers (Xyleborinus saxeseni) in unterschiedlichen Entwicklungsstadien.

Schlüssel B: Bestimmung der Brutbilder der häufigsten Forstinsekten an Laubbäumen

Der Insektenfraß liegt ausschließlich im Holz → **B1**

Der Insektenfraß befindet sich im Kambium oder im Holz und in der Bastschicht → **B2**

B1: Teilschlüssel für holzbrütende Insekten

1 Die Fraßgänge (Mutter- und Larvengänge) sind bohrmehlfrei, Gangwände verfärbt (pilzzüchtende Arten). Bohrmehlauswurf → **2**

→ Bohrmehlröhrchen statt Bohrmehlauswurf auf der Rinde (Abb. 33). Kommt in Nadel- und Laubbäumen vor. Brut in frisch eingeschlagenem Holz, Stöcken sowie gelegentlich in absterbenden stehenden Bäumen. Das Brutsystem besteht aus einer Bruthöhle im äußeren Splint mit einer ca. 2 bis 3 cm tiefen Eingangsröhre. Ursprünglich aus Ostasien stammend.
Schwarzer Nutzholzborkenkäfer – *Xylosandrus germanus*, Seite 34
(Syn. *Xyleborus germanus*)

→ Die Fraßgänge (Larvengänge) enthalten Bohrmehl, meist sehr fest gestopft → **6**

2 Es liegt ein Brutsystem vor, das sich von einem Einbohrloch aus verzweigt oder erweitert

holzbrütende Borkenkäfer → 3

→ Jedes Einbohrloch ist der Beginn eines Larvenganges, der sich im Verlauf erweitert und tief (bis 20 cm) in das Holz eindringt, wobei die Jahrringe meist schräggeschnitten werden, manche Gänge verlaufen auch streckenweise parallel zur Oberfläche. Larve mit spitzen Hinterenden. Oft massenhafter Befall und erhebliche Holzentwertung. Befällt praktisch alle Laub- und Nadelhölzer. Bevorzugt Buche, Eiche, Birke.
Sägehörniger Werftkäfer – *Hylecoetus dermestoides*, Seite 32

3 Das Brutbild liegt in einer horizontalen Ebene, Leitersprossengänge. Geweihgänge (Abb. 129) → **4**

→ Das Brutbild liegt in mehreren Ebenen, d. h. von der Eingangsröhre zweigen horizontale Brutröhren erster Ordnung, von diesen jeweils nach oben und unten Brutröhren zweiter Ordnung ab. Befällt alle Laubhölzer, gefällte Stämme, Stümpfe und geschwächte Bäume. Auf Kulturflächen, in Heistern von Eichen oft empfindliche Schäden. Die sehr kleinen Männchen bei *Anisandrus* haben nur noch Hinterflügelrudimente und sind darum flugunfähig. Sie halten sich deshalb lange im Brutbild auf. Weiblicher Käfer 3–3,8 mm; Männchen 1,8–2,4 mm
Ungleicher Holzbohrer – *Anisandrus dispar*, Abb. 124
(Syn. *Xyleborus dispar*)

Laubnutzholz-/Buchennutzholzborkenkäfer – *Trypodendron domesticum*

127 *Der Leitersprossengang des Laubnutzholzborkenkäfers (Trypodendron domesticum)*

128 *Die Einbohrlöcher des Laubnutzholzborkenkäfers (**1** = Trypodendron domesticum) und des Sägehörnigen Werftkäfers (**2** = Hylecoetus dermestoides).*

129 *Der Leitersprossengang des Laubnutzholzborkenkäfers (Trypodendron domesticum) im Längsschnitt (links) und in Aufsicht (rechts).*

130

Links das deutlich kleinere Männchen und rechts das Weibchen des Ungleichen Holzbohrers (Anisandrus dispar) mit typischer Färbung.

Die Weibchen (hier abgebildet) des Ungleichen Holzbohrers (Anisandrus dispar) sind deutlich länger als die Männchen (siehe Abb. 130). Der Halsschild des Weibchens ist bucklig gewölbt im Gegensatz zum Weibchen des Kleinen Holzbohrers (Xyleborinus saxeseni) (Abb. 131).

→ Das Brutbild besteht aus einer radialen Eingangsröhre, von der dem Jahresringverlauf folgend 1 bis 2 Brutröhren abzweigen. Diese werden von den Larven nach oben und unten zu taschenartigen Räumen erweitert. In allen Laubgehölzen, gelegentlich auch in Nadelhölzern. Die Käfer haben gelbe Beine; der Halsschild ist in Seitenansicht schwach gewölbt und hinten glatt. Die Weibchen sind dunkelbraun und 2–2,4 mm lang; die Männchen sind gelblich bis rotbraun und 1,5–1,8 mm lang

Kleiner Holzbohrer – *Xyleborinus saxeseni*, Abb. 125 + 126

Die Männchen des Kleinen Holzbohrers (Xyleborinus saxeseni) sind etwas kleiner als die Weibchen und rotbraun gefärbt. Beide Geschlechter haben gelbe Beine.

131

Die Weibchen des Kleinen Holzbohrers (Xyleborinus saxeseni) sind etwas größer als die Männchen und dunkler. Bei beiden Geschlechtern ist der hintere Teil des Halsschildes glatt.

4 mehrfach verzweigte Gabelgänge **→ 5**

→ typische Leitergänge, polyphag an Laubhölzern (Abb. 129)

Jungkäfer überwintern im Brutbild. Von der radialen Eingangsröhre zweigen seitlich Muttergänge (ca. 5 cm lang) ab, die Leitersprossen (Larvengänge, ca. 4 mm lang) tragen. Gänge ohne Bohrmehl. Der Bohrmehlausstoß ähnelt dem des Sägehörnigen Werftkäfers (*Hylecoetus dermestoides*), ist aber deutlich geringer. Oft siedeln beide Arten an einem Baum. Männchen und Weibchen unterscheiden sich nicht in der Größe. Käfer mit schwarzem Halsschild. Käfer 3–3,5 mm lang

Laubnutzholz-/Buchennutzholzborkenkäfer Trypodendron domesticum, Abb. 127–129
(Syn. *Xyloterus domesticus*)

Eichenkernkäfer – *Platypus cylindrus*

Das Fraßbild des Eichenkernkäfers (Platypus cylindrus) mit Muttergang (gebogen) und daran leitersprossenähnlich abgehenden, von den Larven angelegten, kurzen Puppenwiegen.

132

Kleiner Schwarzer Nutzholzborkenkäfer – *Xyleborus monographus*

Das Brutbild des Kleinen Schwarzen Nutzholzborkenkäfers (Xyleborus monographus).

133

Der Laubnutzholzborkenkäfer (Trypodendron domesticum) hat einen schwarzen Halsschild. Flügeldecken mit schwärzlichen Streifen an der Naht und an der Seite.

→ Jungkäfer überwintern außerhalb des Brutbildes in der Rinde älterer Bäume. Das Brutbild sieht dem des Laubnutzholzborkenkäfers (*T. domesticum*) sehr ähnlich. Käfer 3,2–3,8 mm lang

Gestreifter Laubnutzholzborkenkäfer – *Trypodendron signatum*
(Syn. *Xyloterus signatus*)

Der Gestreifte Laubnutzholzborkenkäfer (Trypodendron signatum) hat keinen rein schwarzen Halsschild. Der Halsschild ist rotgelb mit schwarzer Zeichnung. Flügeldecken mit schwarzen Längsstreifen.

5 Gangdurchmesser ca. 2 mm. Brutsystem in Form eines mehrfach verzweigten Gabelganges, wobei die Brutröhren vorwiegend in einer Ebene liegen. Ambrosia-Pilzzüchter. Auswurf von grobem, faserigem Bohrmehl, das wurstartig zusammen geballt ist. Gänge ohne Bohrmehl oder Kot. Befall vorrangig an Eichen, aber auch an Buche, Esche, Ulme, Linde u. a. Sehr ausgedehntes Brutbild, Ganglängen bis zu 30 cm. Käfer 4,7–5,8 mm lang. In Aufsicht hat er eine zylindrische Körperform. Am Absturz der Flügeldecken sind lange Haare

Eichenkernkäfer – *Platypus cylindrus*, Abb. 132

Das Eichenkernkäfer-Männchen trägt an den Flügeldeckenenden Fortsätze (Platypus cylindrus). Auffällig ist der lange Halsschild..

Das Eichenkernkäfer-Weibchen hat ein Pilzaufbewahrungsorgan (Mycetangium) im Halsschild (Platypus cylindrus).

Pochkäfer Anobiidae z. B. Gescheckter Nagekäfer/ Bunter Klopfkäfer – *Xestobium rufovillosum*

134

Das Brutbild des Bunten Klopfkäfers (Xestobium rufovillosum) als Beispiel für ein Pochkäfer-Fraßbild.

Fichtenrinden-Nagekäfer – *Microbregma emarginatum*

135

Das Brutbild von dem Fichtenrinden-Nagekäfer (Microbregma emarginatum; Syn. Anobium emarginatum).

Trotzkopf – *Hadrobregmus pertinax*

136

Das Brutbild von Hadrobregmus pertinax.

→ Gänge mit geringerem Durchmesser (1 mm), feinkrümeliges Bohrmehl. Pilzzüchter. Gänge geweihartig verzweigt, vorwiegend in Eiche, daneben an Buche, Ahorn und Ulme. Weibliche Käfer 3–3,5 mm; Männchen 2–2,5 mm

Kleiner Schwarzer Nutzholzborkenkäfer – *Xyleborus monographus*, Abb. 133

Der Kleine Schwarze Nutzholzborkenkäfer – Xyleborus monographus. Der Absturz ist steil mit 6 kleinen Höckerchen.

6 Vorwiegend auf Lagerplätzen in totem Holz, aber auch an rindenlosen Stellen anbrüchiger Bäume, in verarbeitetem Holz

Pochkäfer Anobiidae z. B. Gescheckter Nagekäfer/
Bunter Klopfkäfer – *Xestobium rufovillosum*, Abb. 134

Der Käfer ist 5–7 mm lang und damit der größte heimische Vertreter der Familie der Anobiidae. Die Art entwickelt sich mit ihren Larven in totem Holz, bevorzugt Eichen und Weiden, und kann auch in verbautem Holz schädlich werden. Befallen wird aber hauptsächlich durch Pilzbefall vorgeschädigtes Holz.

Der Bunte Klopfkäfer (Xestobium rufovillosum) in Seitenansicht. Deutlich sind die seitlichen Ausbuchtungen des Halsschildes zu sehen.

Weitere Arten:

Fichtenrinden-Nagekäfer – *Microbregma emarginatum*, Abb. 135
(Syn. *Anobium emarginatum*)

In und unter toten Borkenschuppen von älteren Fichten (meist Baumholz oder Altholz) findet man kurze, wirre Fraßgänge, gefüllt mit dunkelbraunem, fast schwarzem, krümeligem Bohrmehl. Ist der Befall frisch, können auch die bis 4 mm langen, blassweißen Larven oder Puppen angetroffen werden. Die Gänge reichen nicht bis ins Kambium und befinden sich ausschließlich in der toten Borke, welche unter Umständen stark zerfressen sein kann. Es wird kaum Bohrmehl ausgestoßen. Runde Bohrlöcher mit ca. 2–3 mm Breite. Die toten Borkenschuppen bleiben lange am Baum, deshalb fällt der Fraß noch nach Jahren auf.

Brauner Splintholzkäfer – *Lyctus brunneus*

137

Links ist die nur von Einbohrlöchern betroffene Holzoberfläche und ab der Mitte die darunter fast völlig zerfressene Holzsubstanz zu erkennen. Deshalb bleibt der Befall durch den Braunen Splintholzkäfer (Lyctus brunneus) in Gebäuden lange unerkannt. Die Holzoberfläche ab der Mitte wurde zwecks Anschauung entfernt.

Schiffswerftkäfer – *Lymexylon navale*

138

Das Brutbild des Schiffswerftkäfers (Lymexylon navale).

Holzwespen – *Siricidae*

139

Die mit Bohrmehl gefüllten Larvengänge der Holzwespen.

Die Larve von dem Fichtenrinden-Nagekäfer (Microbregma emarginatum; Syn. Anobium emarginatum).

Trotzkopf – *Hadrobregmus pertinax*, Abb. 136
(Synon. *Anobium striatum*)

Kommt oft auf ehemaligen Buchdruckerflächen vor und siedelt in dem Totholz. Selten auch in verbautem Holz. Käfer 4,5–6 mm lang

Der Trotzkopf-Käfer (Hadrobregmus pertinax).

→ mit dem Holzhandel aus Südostasien verschleppte Splintholzkäferart (Bostrychidae). Bedeutender Zerstörer trockenen Holzes (nur 8 % Restfeuchte reichen für den Befall aus) und verursacht dadurch hohe volkswirtschaftliche Schäden. Bei Kernholzbaumarten wird der Splint befallen und dort, wie auch bei kernlosen Hölzern, die rindennahen, nährstoffreichen Zonen. Die Holzoberfläche bleibt erhalten. Bevorzugt in Faserrichtung wird das Holzgewebe zu Bohrmehl umgewandelt. Ein Brutbild mit einem Gangsystem existiert nicht. Aufgrund der milden Winter auch im Freiland (in Rebholz) in Deutschland etabliert. Weltweit in Ausbreitung begriffen
Brauner Splintholzkäfer – *Lyctus brunneus*, Abb. 137

Der kleine schlanke Braune Splintholzkäfer (Lyctus brunneus) hat auffällig große Augen.

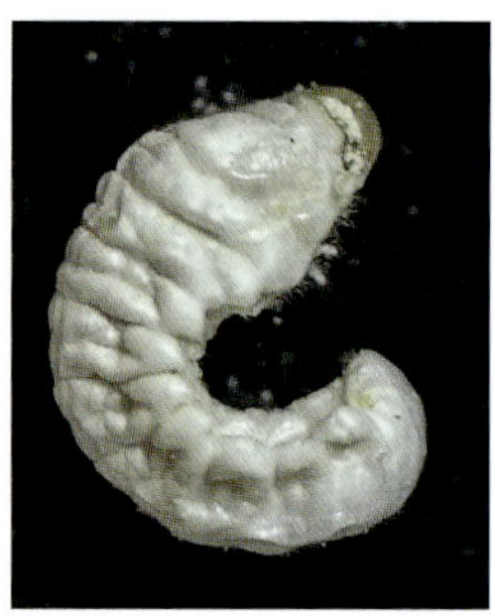

Die Larven der Gattung Lyctus zeigen eine auffällige Verdickung der Brustsegmente.

→ vorwiegend in liegenden Stämmen und an Stöcken, selten in stehenden kränkelnden Bäumen (bevorzugt Eichen-Arten). Kreisrunde Fraßgänge, die den Holzkörper in verschiedenen Richtungen durchziehen, bis zu 2 m lang, nadelstichfein beginnend und immer stärker werdend, mit

Heldbock, Großer Spießbock, Großer Eichenbock – *Cerambyx cerdo*

140

Ein alter Hudewald mit Stieleichen auf einem Truppenübungsplatz als Lebensraum für Eremit und Heldbock.

141

Die Bohrlöcher und der braune Bohrmehlauswurf von den Heldbock-Larven (Cerambyx cerdo).

weißem Bohrmehl fest verstopft (im Gegensatz zu den Pochkäfern, die nur locker die Gänge mit Bohrmehl verstopfen), keine Pilzzüchter, Gänge werden nicht schwarz. Im Gegensatz zu dem Sägehörnigen Werftkäfer (*Hylecoetus dermestoides*) werden rindenlose Stellen für die Eiablage bevorzugt. Käfer 7–17 mm lang

Schiffswerftkäfer – *Lymexylon navale*, Abb. 138

→ Gänge mit feinem hellen Bohrmehl vollgestopft (Abb. 139). Sie verlaufen in verschiedene Richtungen im Holzkörper. In den Gängen findet man weiße, weiche Larven mit einem hornartigen Endstachel am Hinterende (Abb. 241, S. 191). Leben in Symbiose mit einem holzzerstörenden Pilz. Runde Ausfluglöcher (Abb. 25, S. 29) mit unterschiedlichem Durchmesser. In Nadel- und Laubbäumen

Holzwespen – *Siricidae*, Abb. 25, 139 und Seite 28

142

Der Bohrmehlauswurf am Stammfuß durch die Heldbock-Larven. Zusätzlich ist eine Flügeldecke eines Käfers zu sehen.

143

Das Fraßbild von Cerambyx cerdo (Heldbock) im Querschnitt. Die Gänge sind mit Bohrmehl gefüllt.

144

Die Heldbock-Larven (Cerambyx cerdo) nutzen intensiv den gesamten Stamm. Sie bohren sich quer durch den Stamm und wenden wieder auf der anderen Seite und kehren zurück ins Innere.

B2: Teilschlüssel für rindenbrütende bzw. holz- und rindenbrütende Insekten

Eiche – *Quercus*

1 Beschädigungen vorzugsweise im Stamm von Baumhölzern → **2**

→ vornehmlich im Kronenraum, an Heistern und Stangen → **5**

2 Larvengänge im Bast und im Splint bis 15 mm breit → **3**

→ Larvengänge anfangs im Bast und Splint, später daumenstarke geschwärzte Fraßgänge in das Holz, die bis zum Kern führen. Die Gänge durchziehen den gesamten Holzkörper und sind mit braunem Nagemehl gefüllt. Äußerlich durch große (1 × 1,5 cm), querovale Fluglöcher und ausgeworfenes Bohrmehl erkennbar. Eichen nach längerem Befall meist wipfeldürr. Die Stieleiche wird gegenüber der Traubeneiche bevorzugt. Ebenfalls vorteilhaft für die Brut sind alte, südexponierte, freistehende Bäume (Solitärcharakter) an einem warmen Standort. Neben der Dimension sind vor allem die Stärke der Rinde und vorhandener Saftfluss für eine Besiedlung wichtig. Abgestorbene Bäume sind für die Larvenentwicklung ungeeignet. Oft in Hudewäldern, Parkanlagen, Biergärten, Alleen und Hartholz-Flussauenwälder. Glasflügler-Weibchen legen oft in Wucherungen, Blattnarben oder Verletzungen der Bäume ihre Eier ab. Der Alteichen-Glasflügler (*Synanthedon conopiformis*) z. B. nutzt häufig die Heldbock-Schlupflöcher zur eigenen Eiablage

Der Heldbock ist in Deutschland nach FFH-Richtlinie EG 2013/17 Anhang: II & IV sowie nach BNatSchG streng bzw. besonders geschützt

Heldbock, Großer Spießbock, Großer Eichenbock – *Cerambyx cerdo*, Abb. 140–144

Die beinlose Heldbock-Larve bewegt sich im Fraßgangsystem mit ihren Kriechwülsten.

Eichenbastkäfer – *Dryocoetes villosus*

Die Muttergänge des Eichenbastkäfers (Dryocoetes villosus) verlaufen quer zur Faserrichtung.

145

Die dichtgestellten Larvengänge des Eichenbastkäfers (Dryocoetes villosus) verlaufen längs zur Faserrichtung.

146

Zweifleckiger Eichenprachtkäfer – *Agrilus biguttatus*

Das Brutbild des Zweifleckigen Eichenprachtkäfers (Agrilus biguttatus) beginnt zuerst wirr und erinnert an das Brutbild des Buchenprachtkäfers (A. viridis). Mit zunehmender Entwicklung der Larven richten sich die Fraßgänge horizontal aus.

147

Die Heldbock-Männchen (Cerambyx cerdo) sind kleiner als die Weibchen, haben aber deutlich längere Antennen. Beide Geschlechter zeigen eine bräunliche Aufhellung am Ende der schwarzen Flügeldecken.

148 *Das zweite Fühlerglied (roter Pfeil) des Heldbocks (Cerambyx cerdo) ist etwa so lang wie breit.*

Die Flügeldecken sind beim Heldbock (Cerambyx cerdo) nur spärlich behaart. Am Ende der Flügeldecken sind an der Naht zwei Spitzen.

149 *Diese Spitzen können auch asymmetrisch ausgeprägt sein.*

150

Links ist die Rindeninnenseite und rechts die Splintholzoberfläche zu sehen. Das ältere Brutbild des Zweifleckigen Eichenprachtkäfers (Agrilus biguttatus) zeigt eine zunehmende Ausrichtung der Larvengänge quer zur Faserrichtung.

Eichenwidderbock/Eichen-Rindenwidderbock – *Plagionotus arcuatus*

151

Blick auf den Splint: Das Brutbild vom Eichenwidderbock (Plagionotus arcuatus) ohne Bohrmehl.

→ Sterngang mit 2–7 Muttergängen vorzugsweise waagrecht. Länge: 1,5–6 cm. In der dicken Rinde der untersten Stammpartien und an Stümpfen. Larvenfraß unregelmäßig in der Rinde. Der Käfer ist dicht, lang und gelblich behaart. Der Halsschild ist länger als breit von oben betrachtet. Im Absturz ist neben der Naht eine Furche. Am Absturz ist eine Körnchenreihe. Körperlänge: 2,5–3,3 mm, rotbraun gefärbt

Eichenbastkäfer – *Dryocoetes villosus*, Abb. 145 + 146

Das Weibchen des Eichenbastkäfers (Dryocoetes villosus) hat auf der Stirn dichtstehende lange Haare. Der rote Pfeil zeigt auf die Furche neben der Naht und die Körnchenreihe am Absturz.

3 Fraßgänge gewunden, platzförmig und zumindest zur Verpuppung ins Holz gehend → **4**

→ Larvengänge zuerst wirr und zickzackförmig an einem Fleck, danach zunehmend horizontal verlaufend und letztendlich den Stamm umfassend, schmal (bis 3,5 mm), mit Bohrmehl gefüllt. Verpuppung in der Rinde, Larve vom Agrilidentyp (s. Abb. 239). Käfer 8–13 mm. Färbung metallisch grün-bläulich-violett. Ausschlupflöcher siehe Abb. 162.

Zweifleckiger Eichenprachtkäfer – *Agrilus biguttatus*, Abb. 147 + 150

Der Zweifleckige Eichenprachtkäfer (Agrilus biguttatus) ist ein schlanker Prachtkäfer mit zwei weißlichen, länglichen Flecken auf dem letzten Drittel der Flügeldecken, genähert zur Flügeldeckennaht. Die Färbung ist oft dunkelblau mit violettem Schimmer. Sie kann aber auch grünlich/kupferfarben sein. Die Größe ist recht variabel. Der Buchenprachtkäfer sieht sehr ähnlich aus, hat aber keine Flecken auf den Flügeldecken.

152

Die Agrilus-Arten und der Vierpunktprachtkäfer im Vergleich. Von links nach rechts: Zweifleckiger Eichenprachtkäfer (Agrilus biguttatus), Pappelprachtkäfer (A. ater), Buchenprachtkäfer (A. viridis), Obstbaumprachtkäfer (A. sinuatus) und der Vierpunktprachtkäfer (Anthaxia quadripunctata).

153

Detailaufnahme zu dem Eichenwidderbock-Gangsystem (Plagionotus arcuatus). Deutlich ist das gemischte Bohrmehl zu erkennen.

154

Puppenwiegen vom Eichenwidderbock (Plagionotus arcuatus) im Holz.

4 Gänge vielfach gewunden, ausgedehnter Fraß im Bast, Splint wird tief geschürft (Abb. 151), Gänge mit braunem, weiß untermischtem Bohrmehl gefüllt (Abb. 153), bis 1,5 cm breit. Verpuppung (Frühjahr) im Hakengang ca. 1–5 cm tief im Holz (Abb. 154); ausnahmsweise auch in dicker Rinde. Entwicklung in kränkelnden, sonnenexponierten, stehenden oder frisch gefällten Stämmen. Polyphag auf Laubbäumen, bevorzugt aber auf Eichen (*Quercus*-Arten). Käfer 8–20 mm lang (Abb. 155). Der Eichenwidderbock ist im Anhang 1 der BArtSchV und besonders geschützt nach BNatSchG

Eichenwidderbock/Eichen-Rindenwidderbock – *Plagionotus arcuatus*, Abb. 151, 153 + 154

155

Von links nach rechts: Sauerkirschen-Holzwespenbock (Xylotrechus arvicola), Eichenwidderbock (Plagionotus arcuatus) und Buchen-Widderbock (Clytus arietis). Alle in diesem Buch aufgeführten Xylotrechus- sowie Clytus-Arten sind im Anhang 1 der BArtSchV und besonders geschützt nach BNatSchG.

→ wie vorige, aber Gänge schmaler (etwa 5 mm), sich oft überkreuzend (Abb. 157). Polyphag in vielen Laubhölzern, vor allem in Eichen-Arten, sehr selten in Nadelbäumen. In dürren, langsam austrocknenden, sonnenexponierten Stämmen und Ästen. Oft massenhafter Befall in Holzlagern und Werkstätten, auch aus Klafterholz schlüpfend. Das Überspringen auf Bauholz ist nicht möglich, da für die Brutentwicklung berindetes Holz notwendig ist. Zur Verpuppung legen die Larven einen 4–6 cm langen Gang unter oder in der Rinde an. Käfer 6–18 mm lang, Färbung sehr variabel, Flügeldecken können rötlichgelb, ziegelrot bis metallisch blau oder braun sein (Abb. 156).

Veränderlicher Scheibenbock – *Phymatodes testaceus*, Abb. 156–158

156

von links nach rechts: 2 × Gemeiner Fichtensplintbock (Tetropium castaneum), Brauner Fichtensplintbock (T. fuscum), Lärchensplintbock (T. gabrieli), Blauer Scheibenbock (Callidium violaceum) und der Veränderliche Scheibenbock (Phymatodes testaceus).

Veränderlicher Scheibenbock – *Phymatodes testaceus*

157

Das Brutbild vom Veränderlichen Scheibenbock (Phymatodes testaceus) in einer Elsbeere.

158

Die bohrmehlgefüllten Larvengänge unter der Rinde und die Puppenwiege im Holz vom Veränderlichen Scheibenbock (Phymatodes testaceus).

→ nach kurzem Fraß im Kambium dringt die Larve ins Holz und legt vorwiegend längsorientierte, kompakt und mit hellem Bohrmehl gefüllte, querovale Gänge bis 10 cm tief ins Holz an. Die weiße, gestreckte Larve hat Gangwülste und kleine Brustbeine. Sie entwickelt sich hauptsächlich in Eichen und Buchen. Aber auch in weiteren Laubbaum- sowie Straucharten und insbesondere auch in Obstbäumen. In Weinbauregionen oft auch in Rebstöcken. Sehr selten in Kiefern. Befallen wird abgestorbenes, oft schon stärker ausgetrocknetes festes Holz (Lagerholz), sowohl Äste als auch Stämme. Feuchtes und pilzbefallenes Holz wird vermieden. Rundes Ausflugsloch. Die Clytus-Käfer haben eine zylindrische Körpergestalt, einen kugeligen Halsschild und eine schwarze Oberseite mit gelber Bindenzeichnung (Wespenmimikry). Der Echte Widderbock/ Gemeiner Widderbock oder Wespenbock (*Clytus arietis*) ist die häufigste *Clytus*-Art. Der Bockkäfer ist 7–14 mm lang, Fühler und Beine sind rotgelb, die Spitze der Fühler ist geschwärzt, Vorder- und Mittelschenkel sind angedunkelt, die gelbe Schulterbinde ist waagrecht verlaufend

Widderböckchen, am häufigsten ist der Wespenbock – *Clytus arietis*, Abb. 155 + 159

Von links nach rechts: 2 × Kreuzdorn-Widderbock (Clytus rhamni) und der Wespenbock (Clytus arietis). Die Wespenbock-Hinterschenkel sind heller als die Hinterschenkel des Kreuzdorn-Widderbocks. Die ersten Striche auf den Flügeldecken sind beim Wespenbock waagrecht orientiert. Auf Nadelbäumen (auch Douglasie) kommt der Nadelholz-Widderbock (Clytus lama) vor. Die nur in höheren Gebirgen vorkommende Art ähnelt, bis auf die deutlich schmaleren Fühler, sehr dem Kreuzdorn-Widderbock.

Die Xylotrechus-Arten sind deutlich seltener als die Clytus-Arten. Die Gattungs-Unterschiede sind im Kopfbereich zu finden. Von links nach rechts: 2 × Dunkler Holzklafterbock (Xylotrechus rusticus), 2 × Widderbock (X. capricornis), 2 × Zierlicher Widderbock (X. antilope), 2 × Sauerkirschen-Widderbock (X. arvicola) und 2 × der Kreuzdorn-Widderbock (Clytus rhamni) sowie die häufigste Art, der Wespenbock (Clytus arietis). Alle hier abgebildeten Xylotrechus-Arten entwickeln sich in Laubgehölzen. Ihre Lebensweise ähnelt den Clytus-Arten.

Widderböckchen – *Clytus arietis*

159

Das Wespenbock-Brutbild (Clytus arietis) hat kompakt mit Bohrmehl gefüllte querovale Gänge.

Eichensplintkäfer – *Scolytus intricatus*

160

Das Brutbild des Eichensplintkäfers (Scolytus intricatus) besteht aus einem kurzen, tief im Splint liegenden, querverlaufenden Muttergang und davon abgehenden langen Larvengängen in Faserrichtung. Diese sind zuerst eng gebündelt und parallel verlaufend. Mit zunehmender Länge wird der Verlauf aber wirr.

5 Borkenkäfer, einarmiger Quergang bis 2–4 cm lang, dichtgestellte lange Larvengänge (bis zu 10 cm lang). Larvenfraß im Kambialbereich, tief in den Splint schürfend. Puppenwiegen je nach Rindenstärke in der Rinde oder im Holz. Allgemein sekundär, befällt aber auch primär junges Material. An dickeren Ästen oder Stämmen. Überträgt Pilzerkrankungen. Häufig. Käfer 2,5–4 mm, Kopf und Halsschild dunkel, Flügeldecken rotbraun

Eichensplintkäfer – *Scolytus intricatus*, Abb. 160 + 161

Der Eichensplintkäfer (Scolytus intricatus) in Seitenansicht. Der Bauch steigt ab dem 2. Sternit schräg nach oben. Der Halsschild ist punktiert und ohne Runzeln. Das abgebildete Männchen trägt auf der Stirn eine typische Behaarung (Haarkranz und über den Mandibeln Haarpinsel mit langen Haaren).

Der Eichensplintkäfer (Scolytus intricatus) in Aufsicht.

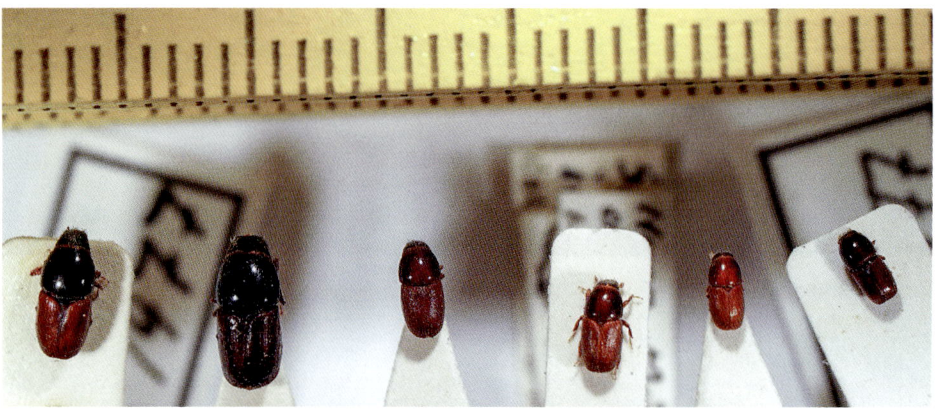

Die Splintkäfer-Arten (Scolytus) im Vergleich von links nach rechts: Großer Ulmensplintkäfer (Scolytus scolytus), Birkensplintkäfer (S. ratzeburgi), Großer Obstbaumsplintkäfer (S. mali), Eichensplintkäfer (S. intricatus), Runzeliger Obstbaumsplintkäfer (S. rugulosus) und Kleiner Ulmensplintkäfer (S. multistriatus).

Das Brutbild des Eichensplintkäfers (Scolytus intricatus) mit den bohrmehlgefüllten Larvengängen und endständigen Puppenwiegen.

Buchenprachtkäfer – *Agrilus viridis*

Alle Agrilus-Arten zeigen die typischen Ausschlupflöcher (hier A. viridis).

Buche – *Fagus*

6 mehr oder weniger unregelmäßiger Muttergang, Fraßbild verwischt, Borkenkäfer **→ 9**

→ bohrmehlgefüllte Larvengänge, besonders Pracht- und Bockkäfer **→ 7**

7 Fraßgänge im Kambium, zickzackförmig bis 3 mm breit. Puppenwiege 5–10 mm tief im Splint. Äußere Merkmale des Befalls: Weiße Sekrethülle der Eigelege (5–6 mm Durchmesser) auf der Rinde, grauweiße Baumsaftflecken, Schlupflöcher queroval mit spitzen Ecken, oberer Bogen flacher, Absterben einzelner Äste, Zopftrocknis. Wirtsbaumarten: Buche bevorzugt, aber auch Weiden, Ahorn, Erle, Eichen, Birken, Hainbuche, Hasel, Linde und Kastanie. Käfer 5–11 mm lang
Buchenprachtkäfer – *Agrilus viridis*, Abb. 152, 162–164

Von links nach rechts: Blauer Kiefernprachtkäfer (Phaenops cyanea), Buchenprachtkäfer (Agrilus viridis) und Zweifleckiger Eichenprachtkäfer (A. biguttatus). Man beachte die gerundeten Flügeldeckenenden.

→ Platzfraß, danach Einbohren ins Holz. Gänge breiter als bei Prachtkäfern. Bockkäfer **→ 8**

8 hauptsächlich in Ästen von 5–10 cm Durchmesser an Laubbäumen, Platzfraß, breiter (6–15 mm) und 7–15 cm langer Gang ins Holz, am Ende Verpuppung, Puppenwiege durch Kalkdeckel und Spanpolster zur Gangöffnung verschlossen. Wirtsarten: Birken, Hainbuche, Buche, Walnuss, Eichen, Ulmen und Obstbaumarten. Wärmebegünstige lockere Laubwälder, Obstgärten und Parks. Käfer 17–28 mm lang
Buchenspießbock/Kleiner Eichenbock – *Cerambyx scopolii*

163

Das wirre Fraßbild der Buchenprachtkäfer-Larven (Agrilus viridis) auf dem Splint einer Buche.

164

Anblick: Buchen-Rindeninnenseite. Die Fraßgänge der Buchenprachtkäfer-Larven (Agrilus viridis) sind mit braunem Bohrmehl gefüllt. Sie können auch teilweise parallel verlaufen.

Wie beim Heldbock (Cerambyx cerdo) sind auch beim Buchenspießbock (Cerambyx scopolii) die Männchen meist etwas kleiner und haben längere Antennen. Der Buchenspießbock zeigt keine bräunliche Aufhellung am Ende der Flügeldecken.

Im Gegensatz zum Heldbock (Abb. 148) ist beim Buchenspießbock das zweite Antennenglied (roter Pfeil) deutlich kürzer als breit.

Der Buchenspießbock (Cerambyx scopolii) hat keine Dornen am Ende der Flügeldecken (vergleiche Abb. 149).

→ in abgestorbenem oder absterbendem Holz von Laubbäumen, Buchen und Bergahorn. Larvengang zuerst zwischen Rinde und Holz, später im Holzkörper. Larve mit Gangwülsten, Brustbeine klein. In belichteten, wärmebegünstigten Lagen mit großem Totholzangebot in Gebirgs-Biotopen. Käfer 15–38 mm lang, Flügeldecken pastellblau behaart, Halsschildvorderrand und Flügeldeckenflecken schwarz; deren Form und Ausdehnung sehr variabel. Auch in Weide, Ulme, Hainbuche und Walnuss. Vorwiegend in Gebirgs-Biotopen

Buchenborkenkäfer – *Taphrorychus bicolor*

165 *Einbohrloch und dunkler Bohrmehlauswurf des Buchenborkenkäfers (Taphrorychus bicolor) an Buche.*

166 *Frühes Brutbild des Buchenborkenkäfers (Taphrorychus bicolor) an Buche.*

167 *Spätes Brutbild des Buchenborkenkäfers (Taphrorychus bicolor) an Buche.*

Der Alpenbock (Rosalia alpina).

Der Alpenbock ist in den Anhängen II und IV der FFH-Richtlinie EG 2013/17 sowie eine prioritäre Art und streng bzw. besonders geschützt nach dem BNatSchG.

Alpenbock/Himmelsziege – *Rosalia alpina*

→ besonders an liegendem Holz, Gänge bis 5 mm breit, den Splint scharfrandig schürfend, Gänge oft überkreuzend, Verpuppung im Hakengang (4–6 cm lang), oft massenhafter Befall in Holzlagern. Erreicht seine höchsten Individuendichten in austrocknendem Eichenholz. Deshalb vor allem an Eichen-Arten, aber auch Hasel, Buche, Weiden-Arten, Ulme, Obstbäumen, ... Wird mit Brennholz oft in Häuser verbracht. Käfer 6–18 mm lang, Körper rötlichgelb mit braunroten bis metallisch blauen oder braunen Flügeldecken, Färbung sehr variabel

Veränderlicher Scheibenbock – *Phymatodes testaceus*, Seite 124

9 unregelmäßige Muttergänge gewöhnlich sternförmig mit Tendenz zur Längsrichtung, Larvengänge geschlängelt und sich häufig kreuzend. Früher bevorzugt absterbende Äste und gefällte Stämme. Meist an Buchen-Arten, aber auch Eichen-Arten, Pappeln, Birken, ... Neuerdings auch stehende, lebende Bäume. Oft vergesellschaftet mit dem Buchenprachtkäfer (*Agrilus viridis*) und dem Kleinen Buchenborkenkäfer (*Ernoporus fagi*). Käfer 1,6–2,3 mm lang

Buchenborkenkäfer – *Taphrorychus bicolor*, Abb. 165–168

168

Die typisch unregelmäßigen Muttergänge sternförmig ausstrahlend vom Buchenborkenkäfer (Taphrorychus bicolor).

Kleiner Buchenborkenkäfer – *Ernoporus fagi*

169

Das Brutbild des Kleinen Buchenborkenkäfers (Ernoporus fagi).

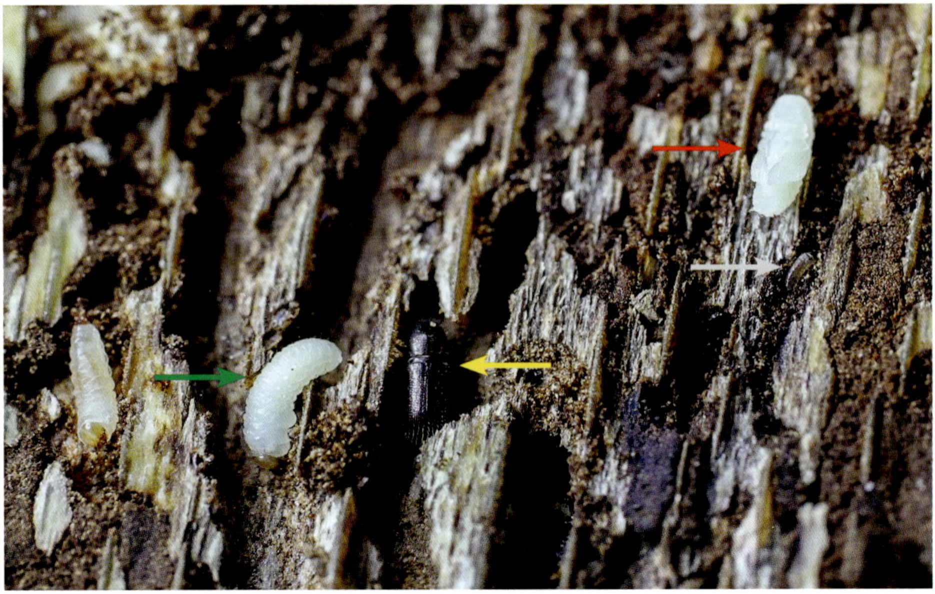

Junge graue Larve (grauer Pfeil), alte Larve (grüner Pfeil), Puppe (roter Pfeil) und Käfer (gelber Pfeil) des Buchenborkenkäfers (Taphrorychus bicolor) an Buche.

Der Buchenborkenkäfer (Taphrorychus bicolor) im Brutbild. Der schwarze Käfer ist abstehend weißlich behaart.

Der Kleine Buchenborkenkäfer (Ernoporus fagi) hat am Halsschildvorderrand zwei kleine Höcker (blauer Pfeil).

→ Muttergänge unregelmäßig längsgerichtet, den Markstrahlen folgend, Larvengänge längsverlaufend. Vorwiegend in kranken und absterbenden Ästen brütend, Stammbefall seltener. Wirtsbaumarten: Buchen-Arten, Hainbuche, Eiche und Birke, Käfer 1,5–1,8 mm lang

Kleiner Buchenborkenkäfer – *Ernoporus fagi*, Abb. 169

Bunter Eschenbastkäfer – *Hylesinus fraxini (Syn. Leperesinus varius)*

170

Ein Brutbild des Bunten Eschenbastkäfers (Hylesinus fraxini) im Splint. Die Puppenwiegen befinden sich überwiegend im Splint. Der Bunte Eschenbastkäfer hat von allen Hylesinus-Arten die kürzesten Larvengänge.

171

Brutbilder des Bunten Eschenbastkäfers (Hylesinus fraxini) im Splint.

Esche – Rindenbrütende Borkenkäfer

10 Larvengänge länger als 4 cm → **11**

→ Larvengänge bis 4 cm, doppelarmiger Quergang 5–10 cm lang, Puppenwiege flach in den Splint gesenkt. Brutraum: geschlagene Stämme, Scheitholz und lebende Bäume. Altbäume werden bevorzugt im Kronenbereich besiedelt. Wirtsbaumarten: Eschen-Arten, seltener Eiche, Buche, Birne, Robinie, Ahorn, Hasel, Hainbuche, ... Durch das Eschentriebsterben haben allgemein die Hylesinus-Arten zugenommen. Käfer 2,5–3,5 mm lang, Käfer schwarz gefärbt, Fühler und Füße rot
Bunter Eschenbastkäfer – *Hylesinus fraxini*, Abb. 170–172
(Syn. *Leperesinus varius*)

Der Bunte Eschenbastkäfer (Hylesinus fraxini) hat eine marmorierte Zeichnung auf den Flügeldecken.

11 Muttergang auffallend breit (ca. 5 mm), bis 8 cm langer doppelarmiger Quergang, oft ungleich lange Arme, schlängelnde Larvengänge sehr lang (bis 30 cm), Puppenwiegen überwiegend in der Rinde, den Splint nur schwach schürfend. Befällt bevorzugt dickborkige Stämme, brütet aber auch in Ästen und zuweilen in jüngeren Bäumen. Befällt gerne Alteschen und geschlagene Stämme, selten Eichen oder Nussbäume; meist in Parks und Alleen. Käfer 3,8–6 mm lang
Großer Schwarzer Eschenbastkäfer – *Hylesinus crenatus*, Abb. 173–175

Der Große Schwarze Eschenbastkäfer (Hylesinus crenatus) trägt auf dem Halsschild keine Zähnchen und die Flügeldecken sind nur mit kurzen Borstenhaare versehen. Die Flügeldecken haben tiefe Kerbstreifen.

→ Muttergang schmaler (ca. 2 mm), tief in den Splint eingesenkt, 3–4 cm lang, doppelarmiger Quergang, Larvengänge 5–7 cm lang, Puppenwiegen tief im Splint. Befällt nur Äste von Altbäumen sowie stärkere noch glattrindige Jungbäume. An Eschen, in Südeuropa häufig am Olivenbaum. Käfer 2,5–3,2 mm lang
Kleiner Schwarzer Eschenbastkäfer – *Hylesinus toranio*, Abb. 176–177
(Syn. *H. oleiperda*)

Der Kleine Schwarze Eschenbastkäfer (Hylesinus toranio) mit kräftiger Borstenbehaarung auf den Flügeldecken und ohne Zeichnung.

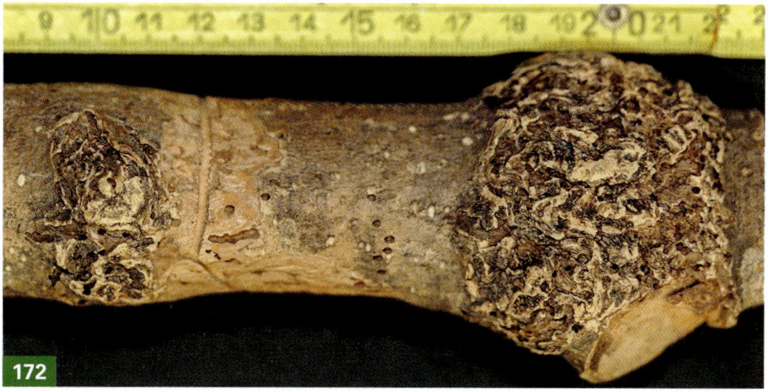

172

Der Reifungsfraß des Bunten Eschenbastkäfers (Hylesinus fraxini) erzeugt Wucherungen, die sogenannten Eschenrosen. Deutlich sind die Fraßgänge und Ausbohrlöcher zu erkennen.

Großer Schwarzer Eschenbastkäfer – *Hylesinus crenatus*

173

Das Brutbild des Großen Schwarzen Eschenbastkäfers (Hylesinus crenatus) mit zwei ungleich langen Muttergängen und langen welligen Larvengängen. Diese überkreuzen sich auch. Die Puppenwiegen befinden sich überwiegend in der Rinde.

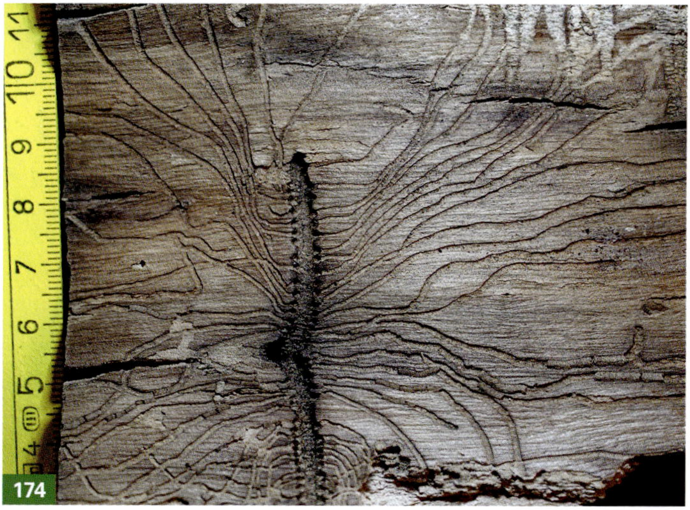

174

Das Brutbild des Großen Schwarzen Eschenbastkäfers (Hylesinus crenatus) mit doppeltem und breitem Quergang (Muttergang) und dicht stehenden Einischen.

Ulme – *Ulmus*

12 bohrmehlfreier Muttergang, von dem Larvengänge abzweigen **Borkenkäfer → 13**

→ mit Bohrmehl gefüllte, sich mehr oder weniger schlängelnde Larvengänge. die allmählich breiter werden **Bock- und Prachtkäfer siehe Tabelle II und IV**

13 zweiarmiger Quergang **→ 14**

→ einarmiger Längsgang **Ulmensplintkäfer → 15**

14 Eingangsröhre in der Rinde, also auf der Unterseite der Rinde nicht sichtbar, Muttergang quer und doppelarmig, beide Arme nicht immer gleich lang, Länge 2–3,5 cm. Larvengänge in Längsrichtung, kurz (1,5–3 cm). Beide Pteleobius-Arten führen ihren Reifungs-, Regenerations- und Überwinterungsfraß in kurzen, unregelmäßigen Gängen an jüngeren Ulmen aus. Vorzugsweise an überwallten Astansatzstellen. Dabei entstehen grindige Wucherungen, auch Ulmengrind oder Rindenrosen genannt. Pteleobius-Arten besiedeln meist ältere, geschwächte Bäume. Sie treten oft gemeinsam mit Scolytus-Arten auf. Der Bunte Ulmenbastkäfer brütet in Ulmen-Arten, ausnahmsweise in Feldahorn oder Esche. Käfer 1,8–2,3 mm lang

Bunter Ulmenbastkäfer – *Pteleobius vittatus*, Abb. 178

Der Bunte Ulmenbastkäfer (Pteleobius vittatus) trägt eine Zeichnung auf dem Halsschild und den Flügeldecken.

→ Eingangsröhre in der Rinde, also auf der Unterseite der Rinde nicht sichtbar, Muttergang quer und doppelarmig, Länge 4–5 cm. Larvengänge in Längsrichtung, kurz (1,5–3 cm). Käfer 1,8–2,1 mm lang

Kleiner Ulmenbastkäfer – *Pteleobius kraatzi*

Der Kleine Ulmenbastkäfer (Pteleobius kraatzi) trägt keine Zeichnung auf dem Halsschild oder den Flügeldecken.

15 Muttergang senkrecht nach oben 2–3 cm (max. 10 cm), Larvengänge 10–15 cm, vorzugsweise im Stammbereich. Im starkborkigen Bereich ist das Brutbild komplett in der Rinde. Larvengänge und Puppenwiegen greifen im dünnrindigen Stammteil tiefer in den Splint ein. Verpuppung in der Rinde. Das gesamte Brutbild von annähernd kreisförmigen bis elliptischen Umriss. Die Käfer übertragen einen Pilz (*Ophiostoma novo-ulmi*), der das Ulmensterben verursacht. Ernährungs-/Reifungsfraß der Jungkäfer in Form kurzer Gänge in Zweigachseln. In diesen Zweiggabeln ist die Pilzinfektion möglich. Dies kann zum Absterben voll vitaler Bäume führen. Hauptwirtsbaumart ist die Ulme, selten auch auf Esche, Hainbuche, Pappeln und Weiden, Eichen und Walnuss. Käfer: Weibchen 4–6 mm und Männchen 3–5 mm lang

175

Die Ausbohrlöcher des Großen Schwarzen Eschenbastkäfers (Hylesinus crenatus).

Kleiner Schwarzer Eschenbastkäfer – *Hylesinus toranio*

176

Das frühe Brutbild des Kleinen Schwarzen Eschenbastkäfers (Hylesinus toranio) mit den deutlich schmäleren Muttergängen und den wesentlich kürzeren Larvengängen als beim Großen Schwarzen Eschenbastkäfer (Hylesinus crenatus).

Großer Ulmensplintkäfer – *Scolytus scolytus*

Der Große Ulmensplintkäfer (Scolytus scolytus) in Seitenansicht. Die Stirn ist kurz und dicht behaart. Der Halsschild ist fein punktiert.

→ Muttergang senkrecht (2–6 cm) mit zahlreichen (bis zu 100), engstehenden Larvengängen (7–12 cm lang). Puppenwiegen tiefer im Splint liegend. Besiedelt die oberen Kronenteile meist kränkelnder und überalterter Bäume, vorzugsweise in Zweigen und schwächeren Ästen. Auch er ist der Pilz-Überträger des Ulmensterbens. Käfer 2–3,8 mm lang

Kleiner Ulmensplintkäfer – *Scolytus multistriatus*, Abb. 179

Das Männchen des Kleinen Ulmensplintkäfers (Scolytus multistriatus) trägt an der Stirn einen Haarkranz. Arttypisch ist der kräftige Dornfortsatz am Hinterleib.

Das Weibchen des Kleinen Ulmensplintkäfers (Scolytus multistriatus) hat eine gewölbte und kahle Stirn. Der arttypische kräftige Dornfortsatz am Hinterleib ist ebenfalls gut zu sehen

Birke – *Betula*

16 typisches Borkenkäferfraßbild, einarmiger Muttergang in der Senkrechten bis 12 cm, häufig mit hakenförmiger Krümmung am Anfang, oft mit Luftlöchern, die auf der Rindenoberfläche das Fraßbild markieren, dichtstehende Larvengänge nach allen Seiten gleichmäßig ausstrahlend, 15–25 cm lang, besonders in Trockenjahren auftretend. Käfer 4,5–7 mm

Birkensplintkäfer – *Scolytus ratzeburgi*, Abb. 181 + 182

Der Birkensplintkäfer (Scolytus ratzeburgi) in Seitenansicht. Beim Männchen sieht man einen knopfförmigen Anhang am Hinterleib (roter Pfeil).

177

Das Brutbild des Kleinen Schwarzen Eschenbastkäfers (Hylesinus toranio) mit den deutlich in den Splint eingesenkten Puppenwiegen.

Bunter Ulmenbastkäfer – *Pteleobius vittatus*

178

Das Brutbild des Bunten Ulmenbastkäfers (Pteleobius vittatus).

→ Weißliche Schmetterlingslarve mit hellbraunem Kopf in den unteren Teilen starker Birken oder an Aststümpfen (nach Aufastung) oder auch in frischen Stöcken. Die Fraßgänge sind platzförmig, später gangförmig; in starkem Material wird der Splint nur geschürft, in schwachem dringen die nur bis 6 cm langen Gänge auch aufsteigend ins Holz ein. Die Gänge sind mit Holzfasern, die durch Gespinstfasern verbunden sind, ausgelegt. Gänge kotfrei, der Kot wird durch eine Öffnung ausgeworfen. Puppenwiege mit langen Holzspänen ausgekleidet. Leere Puppenhülle hängt aus dem Holzkörper heraus. Raupe 2 cm lang. Meist an Birken, häufig auch an Erle, seltener an Linden, Ulmen und Obstbäumen. Ebenfalls häufig an Birken kommt der Große Birken-Glasflügler (*Synanthedon scoliaeformis*) vor. Schmetterling: 2,3–2,6 cm lang.

Kleiner Birken-Glasschwärmer/-Glasflügler – *Synanthedon culiciformis*, Abb. 183
(Syn. *Sesia culiciformis*)

Der Kleine Birken-Glasschwärmer (Synanthedon culiciformis).

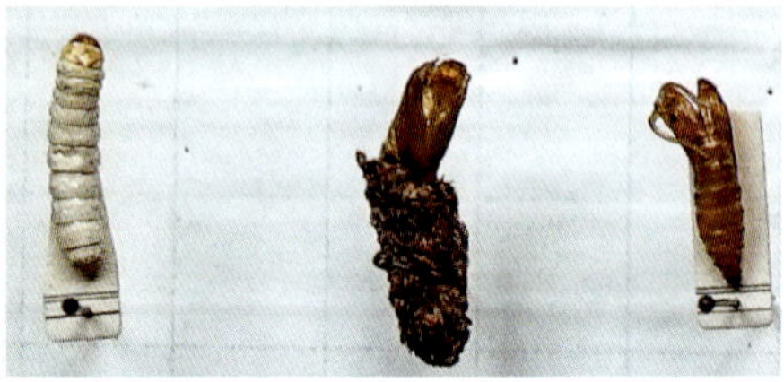

Raupe und leere Puppenhüllen des Kleinen Birken-Glasschwärmers (Synanthedon culiciformis).

Pappel und Weide – *Populus* und *Salix*

17 der Fraß befindet sich im Bast und im Holz **→ 18**

→ der Fraß ist ausschließlich in der Bastschicht. Typische Prachtkäferlarven, stark gewundene Gänge mit dunkelbraunem Nagsel gefüllt, Larvengänge schmal (3–4 mm), Puppenwiegen in der Rinde, an älteren Pappelstämmen als auch Weiden. Käfer 10–12 mm lang, dunkel-olivgrün gefärbt, Flügeldecken mit drei kleinen weißen Haarflecken

Pappelprachtkäfer – *Agrilus ater*, Abb. 152

→ der Schaden äußert sich in Zweigverdickungen (Gallen) **→ 22**

18 in den ausgeworfenen Spänen und dem Bohrmehl findet sich Raupenkot, häufig starker Saftfluss **→ 19**

→ kein Raupenkot in Bohrmehl und Spänen **→ 20**

19 von einem Platzgang führen die Gänge ins Holz, auch in die Wurzeln, Spanauswurf. Raupe gelblich-weiß (Abb. 242) mit Brust- und Bauchbeinen und rotbraunem Kopf, 4–5 cm lang. Aus-

Großer Ulmensplintkäfer – *Scolytus scolytus*

179

Das Brutbild des Großen Ulmensplintkäfers (Scolytus scolytus) mit kurzem Muttergang und langen Larvengängen.

Kleiner Ulmensplintkäfer – *Scolytus multistriatus*

180

Das Brutbild des Kleinen Ulmensplintkäfers (Scolytus multistriatus) mit dem langen Muttergang und den zahlreichen engstehenden Larvengängen.

bohrloch oft kreisrund. Am Stammfuß große Mengen kurzer Bohrspäne mit Kotpellets. Wirtspflanzen: verschiedene Pappelarten. Als Kulturfolger ist die Art oft am Rande von Ortschaften nachweisbar anhand der leeren Puppenhüllen, die in der Baumrinde am Stammfuß verbleiben

Hornissen-Glasflügler – *Sesia apiformis*, Abb. 184, 242
(Syn. *Aegeria apiformis*)

Der Hornissen-Glasflügler (Sesia apiformis). Der für Menschen ungefährliche Schmetterling hat nur auf den Flügelrändern Schuppen. Ansonsten trägt er eine schwarz-gelbe Warnfärbung und die Beine sind orangefarben. Dadurch ähnelt er einer wehrhaften sozialen Faltenwespe.

Der stabile Puppenkokon (oben) und die leere Puppenhülle des Hornissen-Glasflüglers (Sesia apiformis).

→ von Platzfraß kreisrunder Gang in den Holzkörper, hier längs verlaufend, bis zu 40 cm lang und bis zu 1 cm Durchmesser. Der Gang steigt in der Markröhre oder im Kernholz senkrecht nach oben. Die Wände der Gänge sind oft schwarz. Während der Besiedlung ist der Gang meist leer. Die sehr feinen Bohrspäne werden aus runden Löchern ausgeworfen. Raupe schmutzigweiß mit dunkelbraunen Warzen sowie schwarzbraunem Kopf und Nackenschild. 5–6 cm lang. Meist nur eine oder wenige Raupen je Baum. Ausbohrloch rund oder oval, Durchmesser 8–12 mm. Oft bleibt die Puppenhülle im Ausbohrloch zurück (deutlich mehr als der Weidenbohrer). Kein Kokon. Wirtsbaumarten: Pappel, Birke, Rotbuche, Eiche, Obstbäume, Vogelbeere, Ahorn, Rosskastanie, Faulbaum, Linde, Esche, Flieder, Schneeball und Mistel. Im Gegensatz zum Weidenbohrer werden dünnere Stämme oder Äste bevorzugt. Der Befall in Obstpflanzungen führt oft zum Absterben der Bäume. Deutlich häufiger in Siedlungen anzutreffen als der Weidenbohrer (*Cossus cossus*)

Birkensplintkäfer – *Scolytus ratzeburgi*

181

Das Brutbild des Birkensplintkäfers (Scolytus ratzeburgi)

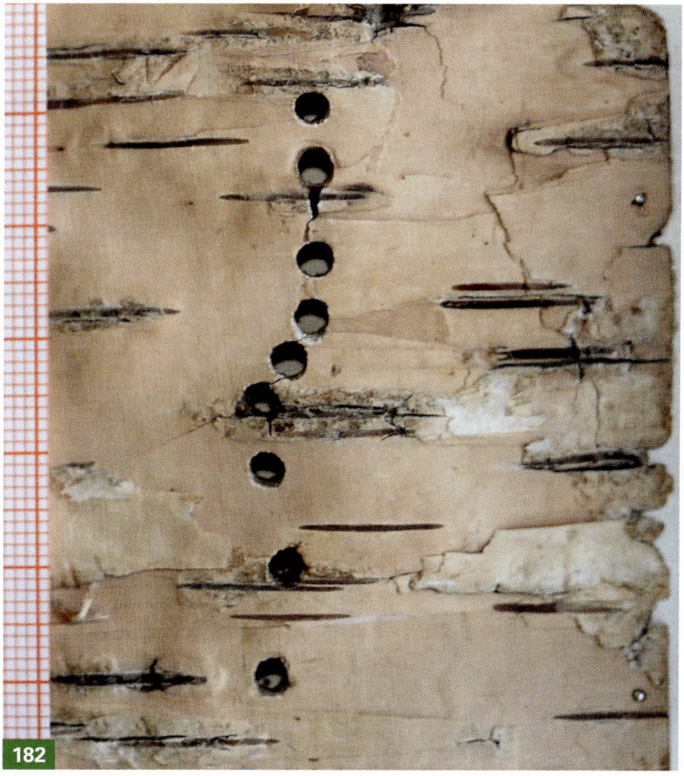
182

Der Befall durch den Birkensplintkäfer (Scolytus ratzeburgi) ist an der Rinde deutlich erkennbar aufgrund der zahlreichen großen Luftlöcher über dem Muttergang (siehe Abbildung) und den vielen Ausflugslöchern der Jungkäfer über den Puppenwiegen. Letztere liegen nicht auf einer Linie wie die Muttergangs-Luftlöcher.

Blausieb – *Zeuzera pyrina*, Abb. 185–188

Der männliche Blausieb-Falter (Zeuzera pyrina) ist an den gefächerten Fühlern und der geringen Spannweite erkennbar. Die artcharakteristischen schwarzen Flecken auf den schmalen Flügeln tragen bei beiden Geschlechtern einen blau-metallischen Schimmer.

Der weibliche Blausieb-Falter (Zeuzera pyrina) hat lediglich fadenförmige Fühler. Allerdings überragt er den männlichen Falter in Bezug auf die Flügelspannweite.

→ die vom Platzfraß ausgehenden Gänge sind oval und verlaufen ungerichtet im Holzkörper. Die Gänge können über einen Meter lang sein und unregelmäßige bauchige Erweiterungen als auch Seitengänge aufweisen. Gangwände braun bis schwarz, starker Saftfluss der Befallsstellen (dadurch Anlockung von weiteren Insekten, z. B. Tagfaltern), Raupe fleischrot, bis 10 cm lang, mit schwarzem Kopf, stark nach Holzessig riechend. Durch ovale Löcher (Höhe bis 2,5 cm) wird eine Mischung aus Kotpellets und kurzen Bohrspänen ausgeworfen. Dort ist auch der Geruch der Raupen wahrnehmbar. Oft zahlreiche Raupen in einem Baum (bis zu 200). Zur Eiablage werden Bäume mit Rindenverletzungen bevorzugt. Wirtsarten: Weide, Pappel, Walnuss, Obstbäume, Vogelkirsche, Eiche, Birke, Linde, Erle, Esche, Ahorn, Ulme, Sanddorn und Rote Heckenkirsche. Häufig im urbanen Bereich (Obstgärten, Alleen, Parkanlagen, Privatgärten, Pappelanbauten). Weit verbreitet. Die Falter sind nachtaktiv. Tagsüber ruhen sie an Stämmen sowie Ästen und sind hervorragend getarnt aufgrund ihrer Flügelfärbung (Rindenmimese)

Weidenbohrer – *Cossus cossus*, Abb. 189

Die leere Weidenbohrer-Puppe (Cossus cossus). Bevor der Falter schlüpft, durchbohrt die Puppe mit Hilfe eines spitzen Stirnfortsatzes die Wandung des Kokons und schiebt sich zur Hälfte daraus hervor.

Kleiner Birken-Glasschwärmer/-Glasflügler – *Synanthedon culiciformis*

183

Brutbild des Kleinen Birken-Glasschwärmers (Synanthedon culiciformis). Es fehlen hier die charakteristischen Holzfasern.

Hornissen-Glasflügler – *Sesia apiformis*

184

Das späte Brutbild des Hornissen-Glasflüglers (Sesia apiformis). Die Larve nagt im Bauminneren einen zentralen Gang mit grobem Genagsel.

Blausieb – *Zeuzera pyrina*

185

Der bohrmehlgefüllte Fraßgang der Blausieb-Larve (Zeuzera pyrina).

Die unverwechselbar gefärbten Weidenbohrer-Raupen (Cossus cossus) verlassen bei massiven Störungen ihren Frassbaum und kriechen über dem Boden zum nächsten Wirtsbaum. An beiden Präparaten kann man sowohl die weinrote Oberseitenfärbung als auch die gelbliche Unterseitenfärbung erkennen.

Die Weidenbohrer-Raupe (Cossus cossus) fertigt inner- oder außerhalb des Baumes einen festen, aus feinen Holzteilchen zusammengesponnenen Kokon an. Darin verpuppt sie sich. Sie kann sich aber auch unter der Erdoberfläche in einem stabilen länglichen Erdkokon verpuppen.

Der kompakte Weidenbohrer-Falter (Cossus cossus).

186

Der geschwungene Fraßgang der Blausieb-Raupe (Zeuzera pyrina) in einem stärken Baum.

187

Die Blausieb-Raupe (Zeuzera pyrina) in einem Apfelzweig (Präparat). Sie hat drei paar Beine an den Brustsegmenten. Auf dem Rücken des ersten Brustsegments ist eine braune Platte erkennbar.

188

Die leere Blausieb-Puppenhülle (Zeuzera pyrina) bleibt an der Buche nach dem Schlupf des Falters zurück (Präparat).

20 der Fraß findet vor allem in Heistern und Stämmen statt → **21**

→ Fraß in Weidenruten → **22**

21 ausgehend von einem Platzgang am Stammfuß führt ein querovaler Gang (bis 2 cm breit) aufwärts, der teilweise mit sehr groben Nagespänen gefüllt ist, Auswurf grober Nagespäne durch typische schmale Auswurfslöcher, Befallsstellen schwellen bei dünnem Material an, orangefarbene Larve beinlos mit Kriechwülsten auf Ober- und Unterseite bis 4 cm lang, Kopf dunkelbraun. Rundes Ausbohrloch. Käfer 2–3 cm lang, dicht gelbbraun filzig behaart, Flügeldeckenende in eine kleine, zahnförmige Spitze ausgezogen

Großer Pappelbock – *Saperda carcharias*, Abb. 190–193

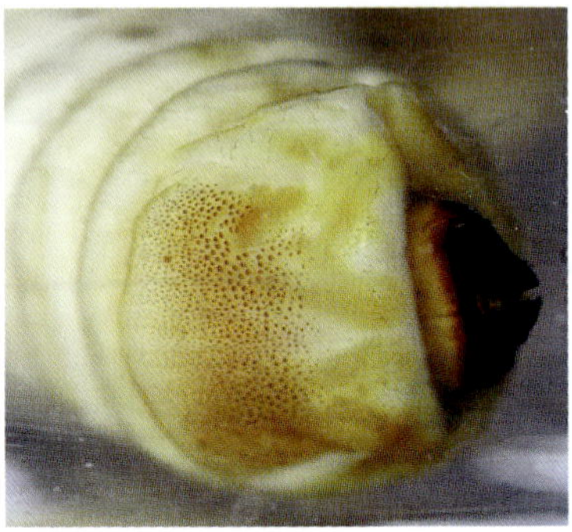

Kopf und erstes Brustsegment (Rückenansicht) der Larve des Großen Pappelbockkäfers (Saperda carcharias). Die rotbraune Körnung des Nackenschildes ist arttypisch.

Der Große Pappelbockkäfer (Saperda carcharias). Auf den Flügeldecken ist knapp nach der Mitte eine undeutliche Querbinde aus beigefarbenen Haaren (roter Pfeil). Kopf und Halsschild mit zahlreichen schwarzen Punkten, die aber kleiner sind als die Punkte auf den Flügeldecken.

Weidenbohrer – *Cossus cossus*

189

Das Fraßbild der Weidenbohrer-Larve (Cossus cossus).

Großer Pappelbock – *Saperda carcharias*

190

Älteres Brutbild des Großen Pappelbockkäfers (Saperda carcharias).

Der Große Pappelbockkäfer (Saperda carcharias) ist 20–30 mm lang und hat am Ende der Flügeldecken kleine, zähnchenförmige Spitzen. Die letzten Fühlerglieder sind einheitlich grau behaart.

Der etwas kleinere Seehundsbock (Saperda similis) ist 14–22 mm lang und ähnelt dem Großen Pappelbock. Er hat allerdings keine Zähnchen an den gerundeten Flügeldeckenenden und die letzten Fühlerglieder sind deutlich dunkler am Ende gefärbt.

Die wichtigsten Saperda-Arten im Größenvergleich (von links nach rechts): 2 × Großer Pappelbock (Saperda carcharias), 1 × Seehundsbock (Saperda similis), 2 × Kleiner Pappelbock (Saperda populnea) und 1 × Leiterbock (Saperda scalaris).

191

Älteres Brutbild des Großen Pappelbockkäfers (Saperda carcharias) mit rund-ovalen Gängen.

192

Die Puppenwiege des Großen Pappelbockkäfers (Saperda carcharias) ist mit grobem Genagsel gefüllt.

→ Larvengang verläuft nach oben und unten, schmal-ovaler Querschnitt. Gänge mit Bohrmehl (selten mit Bohrspänen) gefüllt. Cremefarbene Larve mit sehr kurzen Brustbeinen und auffällig kleinem hellbraunem Kopf. Am Stammfuß ist immer Bohrmehl vorhanden. Ovales Ausbohrloch. Käfer langgestreckt flach (1,4–3,5 cm lang), metallisch glänzend. Halsschild mit deutlichem Seitendorn. Hinterschienen etwas gebogen und abgeflacht. Meist in Weiden, seltener aber zunehmend in anderen Weichlaubhölzern (z. B. Pappeln in Kurzumtriebsplantagen). Stärker zerfressene Bäume werden oft Windwurfopfer. Kulturfolger. Häufig. Käfer 13–35 mm lang
Moschusbock – *Aromia moschata*, Abb. 194 + 195

Der metallisch gefärbte Moschusbock (Aromia moschata) mit den seitlich stark zusammengedrückten Hinterschienen (roter Pfeil). An der Fühlerlänge sind die Geschlechter leicht zu unterscheiden: oben das Weibchen und unten das Männchen.

Rundliche Ausschlupflöcher des Großen Pappelbockkäfers (Saperda carcharias).

Moschusbock – *Aromia moschata*

Das Brutbild des Moschusbocks (Aromia moschata) mit Fraßmehl gefüllten Gängen im Längsschnitt.

→ Larvengänge durchziehen regellos den Stock, beinlose Larve bis 5 cm lang und 1 cm dick. Larve in weichen Laubhölzern, meist Weiden und Pappeln, selten in Birken und Erlen. Oft in den unteren Stammteilen oder in den stärkeren Wurzeln lebender Bäume. Auch in stärkeren Wurzelausschlägen. Larvengänge oft zentral z. T. unterirdisch, streckenweise mit groben Nagespänen verstopft. Käfer 1,5–3 cm lang, gedrungener Körperbau, mattschwarz, Halsschild mit seitlichen Dornen, flugunfähig. Früher eine häufige Art, inzwischen allerdings selten geworden. Käfer 14–32 mm lang

Weberbock – *Lamia textor*, Abb. 195 + 196

Der Weberbock (Lamia textor).

→ Die Fraßgänge enthalten Rüsselkäferlarven (bis 9 mm lang). Eiablage meist an den unteren Stammteilen. Zuerst fressen die Larven im Bast. Danach gehen sie auf- oder abwärts steigend in den Holzkörper. Die Nagespäne verbleiben im Gangsystem und werden auch teilweise ausgeworfen. Zuerst wird braunes Bohrmehl, dann zunehmend helleres Bohrmehl ausgeworfen. Ebenso wächst die Länge der ausgeworfenen Späne bis zu 1 cm Länge. Verpuppung im Holz. Durch den Larvenfraß kommt es zu Aufblähungen der Rinde, späteres Einsinken und Rissigwerden der Rinde über den Gängen (Abb. 197). An Erlen-, Weiden-, Pappeln- und Birkenarten. Nicht alle Pappelarten sind für die Entwicklung geeignet. Käfer 5–9,5 mm lang, Weibchen meist größer als Männchen. Die Färbung des Käfers erinnert an Vogelkot. Weit verbreitet

Erlenwürger/Bunter Erlenrüsselkäfer – *Cryptorhynchus lapathi*, Abb. 197 + 198

Der Erlenwürger (Cryptorhynchus lapathi) hat relativ kurze Hinterschenkel. Diese erreichen nicht den das Ende der Flügeldecken. Der kräftige Rüssel ist nicht breiter als die Vorderschenkel.

195

Das Brutbild vom Moschusbock (Aromia moschata) im Querschnitt.

Weberbock – *Lamia textor*

196

Das Brutbild des Weberbocks (Lamia textor) im Längsschnitt.

Erlenwürger/Bunter Erlenrüsselkäfer – *Cryptorhynchus lapathi*

197

Das Fraßbild des Erlenwürgers (Cryptorhynchus lapathi) mit Larve.

22 Galle spindelförmig oder knotenförmig („Gichtfinger"), ungleichmäßiges Anschwellen des Triebes, Galle außen mit vom Weibchen verursachter, hufeisenförmiger Nagespur. Oft mehrere Anschwellungen übereinander („Perlschnur"). Larve weiß, fußlos, Pappel bevorzugt, seltener Weidenarten. Häufige Art. Der Weidengallen-Glasflügler (*Synanthedon flaviventris*) sowie der Wickler *Cydia servillana* verursachen ebenfalls auffällige Anschwellungen bei Weiden-Arten. Der Wicklerfraß erzeugt allerdings deutlich kleinere Anschwellungen. Beide Schmetterlingsarten nagen aber keine Hufeisen in die Rinde. Meist ist die leere Puppenhülle nach dem Schlupf des Falters noch in der Rinde verbleibend (die Schmetterlingsraupen haben Beine). Käfer 9–15 mm lang

Kleiner Pappelbock – *Saperda populnea*, Abb. 199–201

Der walzenförmige Kleine Pappelbock (Saperda populnea) wird ca. 9–15 mm lang. Das Strichmuster auf dem Halsschild und das Punktemuster auf den Flügeldecken ergeben sichere Artmerkmale.

Obstbäume

23 bohrmehlfreier Muttergang. einarmiger Längsgang oder Sterngang → **24**

→ zickzackförmige Larvengänge mit festgepresstem Bohrmehl gefüllt, den Splint wenig furchend, im Stamm und Ästen von Birne, Quitte sowie Weißdorn. Käfer 10 mm lang, kupferfarben bis purpurrot, Kopfvorderrand in der Mitte stark eingebuchtet

Birnbaum-Prachtkäfer/Obstbaumprachtkäfer – *Agrilus sinuatus*, Abb. 152

24 Sterngang ein- bis vierarmig, 3,5–4,5 cm lange Muttergänge mit Rammelkammer, stark in den Splint eingreifend, Larvengänge den Splint nur schwach furchend (an Zweigen ebenfalls tief im Splint), deutlich länger als Muttergänge, Puppenwiegen tief im Splint. Meist in absterbenden und abgebrochenen Kirschbaumästen. An Kiefern an den unteren, natürlich absterbenden Ästen. Käfer 2,5–3,3 mm lang, schwarzbraun, einschließlich der Beine und Tarsen (Füße), Halsschild mit kielartig erhabener Mittellinie

Kirschbaumborkenkäfer – *Polygraphus grandiclava*, Abb. 202

Das Weibchen des Kirschbaumborkenkäfers (Polygraphus grandiclava) trägt auf der Stirn einen weißen Haarkranz. Arttypisch für beide Geschlechter ist der durchgehende Mittelkiel auf dem dicht punktierten und matten Halsschild. Der hier abgebildete Jungkäfer ist noch heller gefärbt als ein typischer Altkäfer.

198

Das Fraßbild des Erlenwürgers (Cryptorhynchus lapathi) im Längsschnitt mit Genagsel.

Kleiner Pappelbock – *Saperda populnea*

199

Das Fraßbild des Kleinen Pappelbocks (Saperda populnea). Gegen Ende des Sommers dringt die Larve in die Markröhre vor und legt hier einen 3–5 cm langen, aufsteigenden Fraßgang an.

200

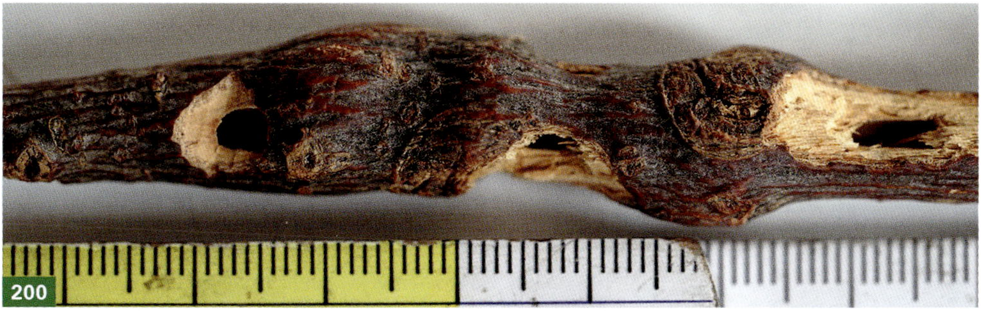

Der Platz- und Ringfraß der Pappelbock-Larve (Saperda populnea) löst im Pappeltrieb die Bildung einer Anschwellung, dem sogenannten Gichtknochen, aus. Diese ist spätestens im August sichtbar. Einige Weidenarten reagieren auf den Pappelbockfraß nicht mit einer Gallbildung.

→ Einarmiger Längsgang, 5–12 cm lang, ca. 2 mm breit, mit Erweiterung am Eingang, Muttergang und Larvengänge meist tief den Splint furchend, Larvengänge eng nebeneinander liegend und in einer leichten Erweiterung endend, ca. 50 bis 60 Eier, Puppenwiegen in der Regel senkrecht ins Holz gehend. Käfer 3–4 mm lang, schwarz mit rötlichbraunen Flügeldecken

Großer Obstbaumsplintkäfer – *Scolytus mali*, Abb. 203

Der Große Obstbaumsplintkäfer (Scolytus mali) in Seitenansicht.

→ 3–6 cm lang, ca. 1,5 mm breit, enggestellte Larvengänge unregelmäßig und vielfach geschlängelt verlaufend, ca. 50 Eier. Puppenwiegen tief in den Splint eingesenkt. Meist an Obstbäumen, aber auch an wilden und eingeführten Rosenbüschen, gelegentlich an Birken, Erlen, Ulmen und Hasel. Käfer 1,8–3 mm lang

Kleiner Obstbaumsplintkäfer/Runzeliger Obstbaumsplintkäfer – *Scolytus rugulosus*, Abb. 204–206

Das Männchen vom Kleinen Obstbaumsplintkäfer (Scolytus rugulosus) erkennt man an der flachen Stirn mit dichter Behaarung. Beiden Geschlechtern gemeinsam ist der Halsschild mit Längsrunzeln.

Das Weibchen vom Kleinen Obstbaumsplintkäfer (Scolytus rugulosus) erkennt man an der gewölbten Stirn mit spärlicher Behaarung.

Linde – *Tilia*

Doppelarmige Muttergänge (1–4 cm lang), kurze Larvengänge, gesamtes Brutbild in der Rinde. Brütet in absterbenden Zweigen und Ästen alter Bäume oder am Stamm stark geschwächter Bäume. Auch an Rotbuche und Hasel. Käfer 1,1–1,8 mm lang, Halsschild im vorderen Bereich mit Höckerchen. Der Höckerfleck nach hinten verschmälert

Lindenborkenkäfer – *Cryphalops tiliae*, Abb. 207–209
(Syn. *Ernoporus tiliae*)

Der sehr kleine Lindenborkenkäfer (Cryphalops tiliae) ist mit der Handlupe kaum noch im Gelände ansprechbar. Das wichtigste Merkmal ist das nach hinten schmaler werdende Höckerfeld auf dem Halsschild.

201

Zur Eiablage nagt das Weibchen (Saperda populnea) eine hufeisenähnliche Struktur in die Pappelrinde und legt an der tiefsten Stelle das Ei unter der Rinde ab. Von dort aus bohrt sich die frischgeschlüpfte Larve in die Pappel ein.

Kirschbaumborkenkäfer – *Polygraphus grandiclava*

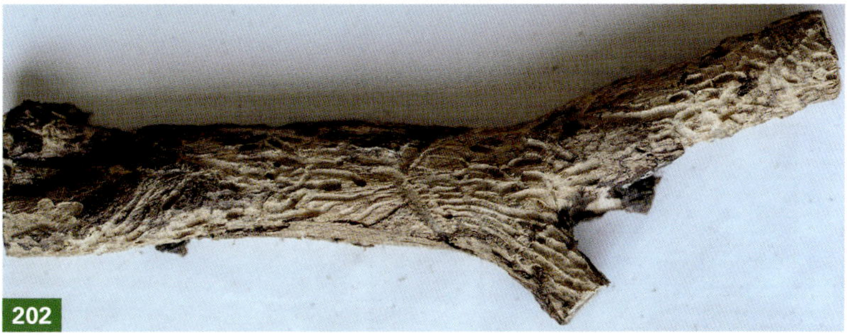

202

Das Brutbild des Kirschbaumborkenkäfers (Polygraphus grandiclava).

Großer Obstbaumsplintkäfer – *Scolytus mali*

203

Das Brutbild des Großen Obstbaumsplintkäfers (Scolytus mali). Der Muttergang hat zu Beginn (rechts) eine rammelkammerartige Erweiterung.

Ahorn – *Acer*

Das Gangsystem der Larve steigt im Splint- oder Kernholz vom Eingang etwa 6–20 cm aufwärts ohne weitere Abzweigungen oder Öffnungen nach außen. Im Gang liegen Bohrspäne. Der Querschnitt des Gangs ist schmal-oval. Am oberen Ende legt die beinlose Larve eine bauchige Erweiterung des Gangs an. Dort erfolgt die Verpuppung. Von dieser Kammer frisst der Käfer ein kreisrundes Ausbohrloch (ca. 1 cm Durchmesser). Das Weibchen frisst einen Schlitz oder Trichter in die Rinde und legt in die darunter liegende Bast- bzw. Kambiumschicht das längliche Ei (5–7 mm). Von außen können noch an dieser Eiablagestelle Bohrspäne anhaften. Der Baum reagiert mit einer lokalen Nekrose sowie Saftfluss und versucht die Verletzung zu überwallen. Spechte können gezielt solche Eiablageplätze aufmeißeln. Bei weiterem Befallsverlauf kommt es zu erheblichem Bohrspäneauswurf. Die Länge der ausgeworfenen Späne ist von der Larvengröße abhängig. Bei fehlendem Auswurfloch verbleibt das Material im Gangsystem. Der Befall ist dann relativ schwer feststellbar. An allen Laubbaumarten, mit Bevorzugung von Ahorn-Arten (Acer). Eingeschleppte Bockkäfer-Art aus Asien (China). Meldepflichtiger Quarantäneschädling. Bei ungestörter Entwicklung kann der ALB in wenigen Jahren stattliche Bäume zum Absterben bringen. Brutbild-Verwechslungsgefahr: Großer Pappelbock, Moschusbock, Blausieb, Weidenbohrer und Hornissenglasflügler. Der Käfer ähnelt sehr dem Chinesischen Laubholzbock/Citrusbock/CLB (*Anoplophora chinensis*). Die CLB-Larve hält sich überwiegend im Wurzel- sowie Wurzelhalsbereich bis Kniehöhe auf und die ALB-Larve meist darüber. ALB-Einschleppung oft durch Baumschulware oder Palettenholz (Grabstein-Verpackungsmaterial) aus Asien. Ausbruch darum häufig in der Nähe von Steinmetzbetrieben. Empfehlenswerte Einzeldarstellung für den ALB: Lemme 2015.

Asiatischer Laubholzbockkäfer/ALB – *Anoplophora glabripennis*

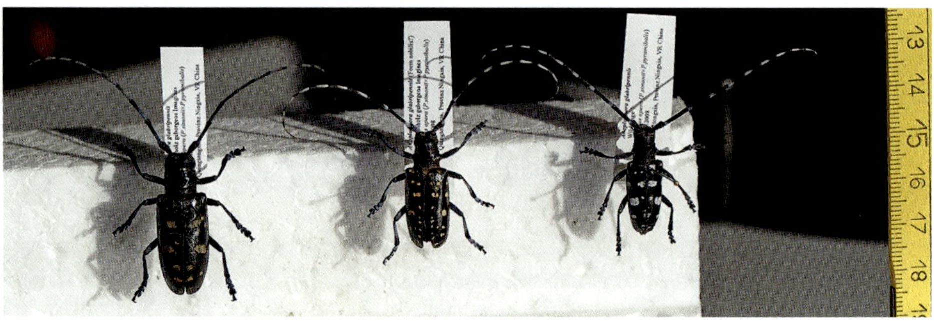

Der Asiatische Laubholzbockkäfer (Anoplophora glabripennis) hat Dornen am Halsschild und geringelte Antennen. Der Anteil der hellen Färbung auf den Flügeldecken kann erheblich ausgedehnter sein. Da die Larven sich in Laubbäumen entwickeln, kann er nicht mit den Handwerksböcken (Monochamus) verwechselt werden.

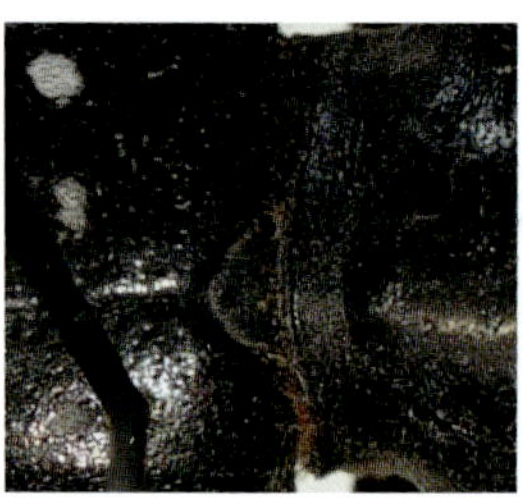

Das Schildchen zwischen dem Anfang der Flügeldecken ist beim ALB (Anoplophora glabripennis) sehr variabel gefärbt. Vergleiche dazu auch die Schildchen der Handwerkerböcke (Monochamus) Abb. 220–223.

Hier ein zweites Beispiel eines ALB-Schildchens (Anoplophora glabripennis).

Kleiner Obstbaumsplintkäfer/Runzeliger Obstbaumsplintkäfer – *Scolytus rugulosus*

204

Das Brutbild des Kleinen Obstbaumsplintkäfers (Scolytus rugulosus). Die Larvengänge verlaufen wirrer als beim Großen Obstbaumsplintkäfers (Scolytus mali).

205

Die Brutbilder des Kleinen Obstbaumsplintkäfers (Scolytus rugulosus) in hoher Dichte mit zahlreichen lochartig tief eingesenkten Puppenwiegen.

206

Kreisrunde Ausbohrlöcher des Kleinen Obstbaumsplintkäfers (Scolytus rugulosus).

Lindenborkenkäfer – *Cryphalops tiliae*

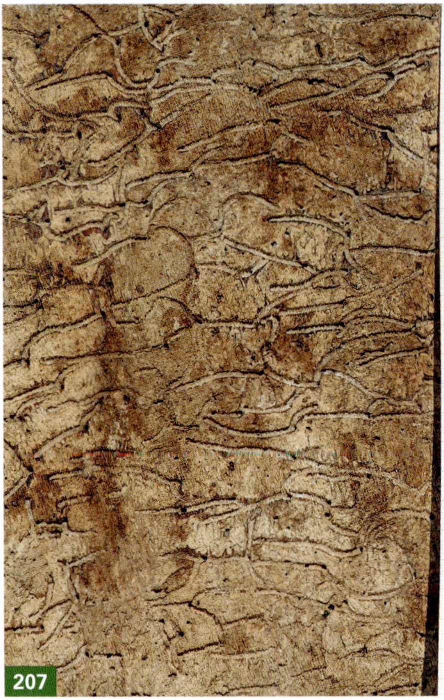

207

Das Brutbild des Lindenborkenkäfers (Cryphalops tiliae) auf der Rindeninnenseite.

208

Die Ausbohrlöcher der Lindenborkenkäfer (Cryphalops tiliae) auf der Rindenaußenseite.

209

Das Brutbild des Lindenborkenkäfers (Cryphalops tiliae) an einem dünnen Zweig ähnelt dem Brutbild des Eichensplintkäfers (Scolytus intricatus).

B3: Brutbilder in Samen

Die Unterscheidung der Arten anhand der Larven oder des Brutbildes ist kaum möglich. Deshalb sind die Käfer oder Falter für die Artbestimmung erforderlich. Für die Falter existieren hervorragende Aufnahmen auf der Internetseite „Bestimmungshilfe für die in Europa nachgewiesenen Schmetterlingsarten“ (http://www.lepiforum.de).

1 Die beinlosen Insektenlarven (Rüsselkäferlarven) fressen in Eicheln und Nüssen **→ 2**

→ Die Insektenlarven fressen in Eicheln und Nüssen und haben Beine (Schmetterlingslarven, hier ist ebenfalls der Besuch der Internetseite von http://www.lepiforum.de/ empfehlenswert) **→ 3**

2 Die Käferlarven sind in Eicheln zu finden. In der Eichel fußlose, weiße, weiche Larven mit braunem Kopf. Die Larve verzehrt den Samen und verlässt die Eichel durch ein rundes Loch. Maximal zwei Larven pro Eichel können sich entwickeln. Die befallenen Eicheln fallen früher ab. Weit verbreitet. Käfer 6–9 mm lang, mit sehr langem Rüssel das Weibchen. Das Männchen trägt einen deutlich kürzeren Rüssel.

Eichelbohrer/Eichelrüßler – *Curculio glandium*
(Syn. *Balaninus glandium*)

Die beinlosen Larven des Eichelbohrers (Curculio glandium).

Vom Eichelbohrer (Curculio glandium) befallene Eicheln. Links eröffnet.

Der Eichelbohrer (Curculio glandium). Das auffälligste Gattungsmerkmal ist der lange Rüssel. Die Artmerkmale sind die dreimal so langen wie breiten Fühlerkeulen und der fehlende abstehende Haarstreifen an der hinteren Flügelnaht.

Das Weibchen (links) des Eichelbohrers (Curculio glandium) hat einen wesentlich längeren Rüssel als das Männchen (rechts).

→ Die Käferlarven sind ebenfalls in Eicheln zu finden. Die sichere Unterscheidung der Arten ist nur anhand der Käfer möglich. Häufige Art. Käfer 7–9 mm lang

Adern-Eichelbohrer – *Curculio venosus*
(Syn. *Balaninus venosus*)

Der Adern-Eichelbohrer (Curculio venosus) von hinten. Arttypisch ist die Flügeldeckennaht am Ende etwas vorstehend und mit einem schräg abstehenden Borstenkamm versehen. Im Gegensatz zu allen anderen hier vorgestellten Curculio-Arten ist die beschuppte Oberseite des Schildchens länglich (vergleiche Abb. 210).

→ Die Käferlarven sind in Esskastanien und in Eicheln (insbesondere in Zerreiche – *Quercus cerris*) zu finden. Die Art ist südeuropäisch und im deutschen Sprachraum selten anzutreffen. Käfer 4,5–9 mm lang

Esskastanienbohrer – *Curculio elephas*

Die Curculio-Arten im Vergleich. Von links nach rechts: der Esskastanienbohrer (Curculio elephas), der Haselnussbohrer (Curculio nucum) und der Eichelbohrer (Curculio glandium). Die Flügeldecken des Esskastanienbohrers (Curculio elephas) sind 1,5-mal so lang wie zusammen breit. Die anderen Curculio-Arten haben im Verhältnis wesentlich kürzere Flügeldecken.

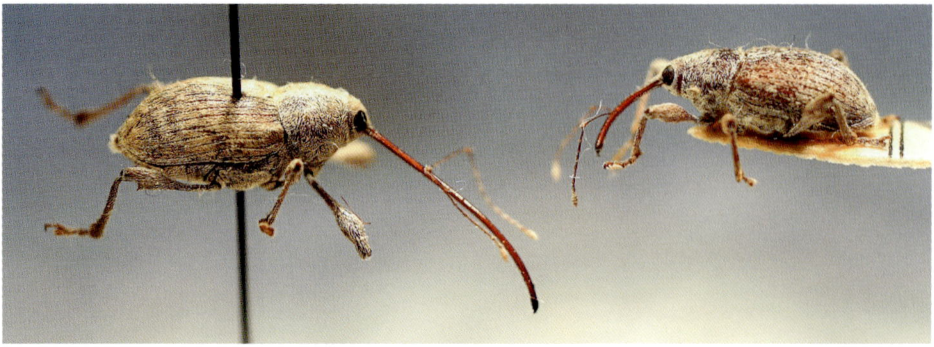

Die Weibchen (links) des Esskastanienbohrers (Curculio elephas) haben unter den Curculio-Arten den längsten Rüssel. Rechts das Männchen.

→ Die Käferlarven sind ausschließlich in Nüssen der Gewöhnlichen Hasel (*Corylus avellana*). Sie sind den Larven des Eichelbohrers sehr ähnlich. Weit verbreitet. Käfer 5–7 mm lang.

Haselnussbohrer – *Curculio nucum*
(Syn. *Balaninus nucum*)

Die Ausflugslöcher des Haselnussbohrer (Curculio nucum).

Der Haselnussbohrer (Curculio nucum) hat an der hinteren Flügeldeckennaht eine abstehende Haarleiste (siehe Pfeil). Das Weibchen (hier abgebildet) hat einen wesentlich längeren Rüssel als das Männchen.

210

Der Haselnussbohrer (Curculio nucum) weist eine nur 2-mal so lange wie breite Fühlerkeule auf. Der Vorderschenkel hat einen kräftigen Zahn (siehe Pfeil).

3 Die orangefarbene Larve frisst meist in Bucheckern (*Fagus sylvatica*), seltener in Eicheln, Esskastanien und Haselnüssen. Für die vollständige Entwicklung sind mehrere Bucheckern notwendig; bei den anderen Wirtsarten genügt ein Samen

Buchenwickler – *Cydia fagiglandana*

→ Die graue Schmetterlingslarve (letztes Stadium, jüngere Stadien sind weißlich) frisst meist in Esskastanien (Castanea spp.) und Eicheln (Quercus spp.). Sie kann sich aber auch an Bucheckern und in Walnüssen entwickeln

Eichelwickler oder Später Kastanienwickler – *Cydia splendana*

→ Fleischfarbene Raupe (letztes Larvenstadium, jüngere Stadien grau) in Früchte und Samen von Haselnüssen (Corylus spp.), Walnüssen (Juglans spp.), Esskastanien (Castanea spp.), Bucheckern (Fagus spp.) und Eicheln (Quercus spp.)

Haselnusswickler oder Kastanienwickler – *Cydia amplana*

Schlüssel C: Brutbilder und Wuchsanomalien des Triebes an Nadel- und Laubbäumen

In diesem Schlüssel kann nur eine kleine Auswahl an Arten vorgestellt werden. Insbesondere die zahlreichen Gallmücken-Spezies sind hier nicht darstellbar. Auf der Internetseite „Bestimmungshilfe für die in Europa nachgewiesenen Schmetterlingsarten" (http://www.lepiforum.de) stehen sehr gute Abbildungen zu den Schmetterlingsraupen zur Verfügung.

1 an Laubgehölzen ➔ **2**

→ an Nadelgehölzen ➔ **3**

2 die Weidenabschnitte wirken schwammartig aufgedunsen und sind mit zahlreichen Ausflugslöchern durchbohrt. Die Rinde ist rissig. In den Anschwellungen sind viele orangerote, kleine, beinlose Maden. Oft vergesellschaftet mit der Weidenrosengallmücke (*Rhabdophaga rosaria*)

Weidenholzgallmücke/Weidenrutengallmücke – *Rabdophaga saliciperda*, Abb. 211
(Syn. *Dasineura/Helicomyia saliciperda*)

→ an Pappeln und seltener Weiden. Das Weibchen benagt die Rinde hufeisenförmig und legt an der tiefsten Stelle ein Ei ab. Die Larve bohrt sich ein und der Raupenfraß führt zu einer Verdickung der Jungpflanze oder des Zweiges. Der fertig entwickelte Käfer verlässt das Brutbild durch ein kreisrundes Loch

Kleiner Pappelbock – *Saperda populnea*, Seite 160

3 an Kiefern ➔ **4**

→ an Lärchen und Fichten ➔ **5**

4 Am Trieb oder an den Zweigen findet sich eine kirsch- bis nussgroße Harzgalle. In dieser Galle ist eine gelbe bis gelbbraune, mit kleinen dunklen Warzen besetze, Kleinschmetterlingsraupe mit dunkelbraunem Kopf. Der Trieb kann absterben oder abbrechen

Kiefernharzgallenwickler/Föhrenharzgallenwickler – *Retinia resinella*, Abb. 212
(Synon. *Petrova resinella, Evetria resinella*)

→ Gekrümmte oder vertrocknete, ausgefressene Triebe; die Endknospen der Kiefern werden ausgefressen (etwa in der Mitte angebohrt) und sterben ab. Häufig kommt es an den betroffenen Knospen und Triebspitzen zu einer deutlichen Harzbildung mit Gespinst. In der Folge treiben tiefer gelegene, laterale Knospen aus. Die Seitentriebe richten sich auf und übernehmen die Leitfunktion. Dabei kann es zur so genannten „Posthornbildung" als auch Zwieselbildung kommen. Bei einem starken Befall verbuscht die ganze Krone. Meistens sind Kulturen vom Jungwuchs- bis ins Stangenholzalter betroffen. Schwacher Befall kann mit dem Kiefernharzgallenwickler (*Retinia resinella*) verwechselt werden. Die Waldgärtner-Arten (*Tomicus piniperda* und *T. minor*) höhlen beim Reifungsfraß ebenfalls Kieferntriebe aus. Im Winter kleine, hellbraune bis rotbraune Larven mit schwarzglänzendem Kopf und Nackenschild in der Knospe, Larve ca. 20 mm lang. Schmetterling ca. 8–17 mm

Weidenholzgallmücke/Weidenrutengallmücke – *Rabdophaga saliciperda*

211

Das Befallsbild der Weidenholzgallmücke (Rabdophaga saliciperda) in Aufsicht (links) und im Querschnitt (rechts).

Kiefernharzgallenwickler/Föhrenharzgallenwickler – *Retinia resinella*

Die Harzgalle des Kiefernharzgallenwicklers (Retinia resinella).

212

Kiefernknospentriebwickler/Föhrenknospentriebwickler – *Rhyacionia buoliana*, *Abb. 213–216*

(Syn. *Evetria buoliana*)

Puppen des Kiefernknospentriebwicklers (Rhyacionia buoliana).

Die Falter des Kiefernknospentriebwicklers (Rhyacionia buoliana).

Kieferknospentriebwickler/Föhrenknospentriebwickler – *Rhyacionia buoliana*

213

Blick in die durch die Kiefernknospentriebwickler-Raupe (Rhyacionia buoliana) ausgefressene Terminalknospe mit Gespinst und Kot.

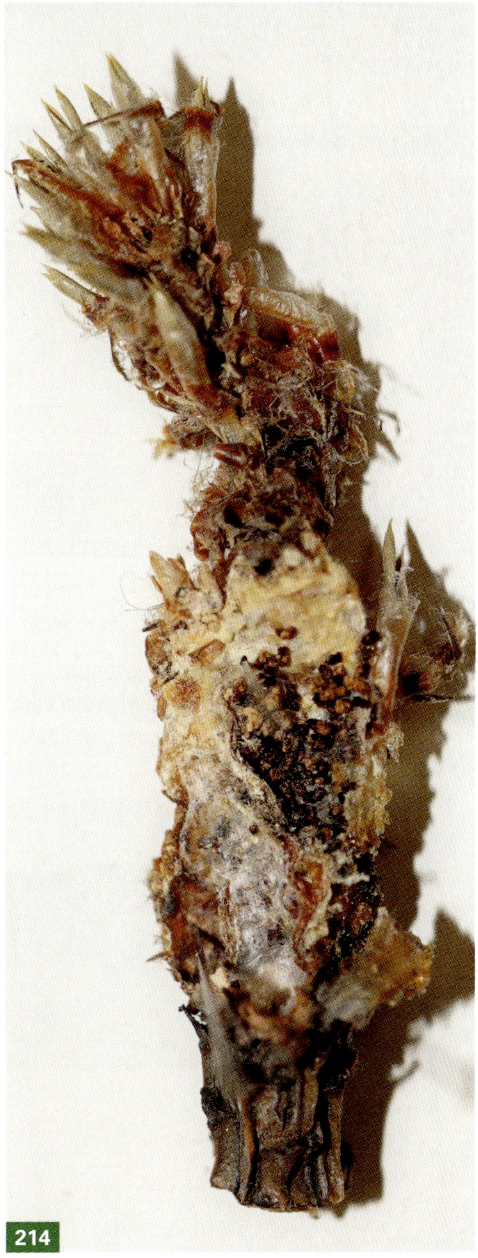

214

Blick auf die durch die Kiefernknospentriebwickler-Raupe (Rhyacionia buoliana) ausgefressene Terminalknospe mit Gespinst und Kot.

5 An jungen Fichten (ca. 5–10 Jahre). Am Stamm in der Gegend der Astquirle befinden sich aufgetriebene Stellen mit Harzaustritt und Raupenkot. Im Innern der angeschwollenen Fraßstelle findet sich eine Kleinschmetterlingsraupe: weißlich oder blassrot. Kopf, Nackenschild und Analklappe hellbraun. Länge bis zu 11 mm. Diese fressen in Rinde und Kambium des Stämmchens 2–4 cm kurze, wirre Gänge.

Fichtenrindenwickler – *Cydia pactolana*, Abb. 217
(Syn. *Laspeyresia pactolana*)

Der Fichtenrindenwickler (Cydia pactolana). Von links nach rechts: Falter in natürlicher Haltung, Letztes Raupenstadium, leere Puppenhülle und präparierter Falter.

→ Monophag an Lärche (meist 4–10-jährige). Nach dem Einbohren der Raupe entwickelt sich eine Anschwellung des Holzkörpers. Galle erreicht im Folgejahr Kirschgröße. Der Jungbaum kann verbuschen oder der Trieb absterben

Lärchengallenwickler/Lärchenrindenwickler – *Cydia zebeana*, Abb. 218 + 219
(Syn. *Laspeyresia zebeana*)

Der Lärchenrindenwickler (Cydia zebeana).

Blick auf die durch die Kieferknospentriebwickler-Raupe (Rhycionia buoliana) ausgefressene Terminalknospe mit leerer Puppenhülle.

215

216

Posthornbildung durch den Fraß der Kieferknospentriebwickler-Raupe (Rhycionia buoliana).

Fichtenrindenwickler – *Cydia pactolana*

Das Befallsbild durch den Fichtenrindenwickler (Cydia pactolana). Links im Bild ragt die leere Puppenhülle (roter Pfeil) aus dem Harz-/Kotklumpen.

217

Lärchengallenwickler/Lärchenrindenwickler – *Cydia zebeana*

218

Die Anschwellungen verursacht durch den Raupenfraß des Lärchenrindenwicklers (Cydia zebeana).

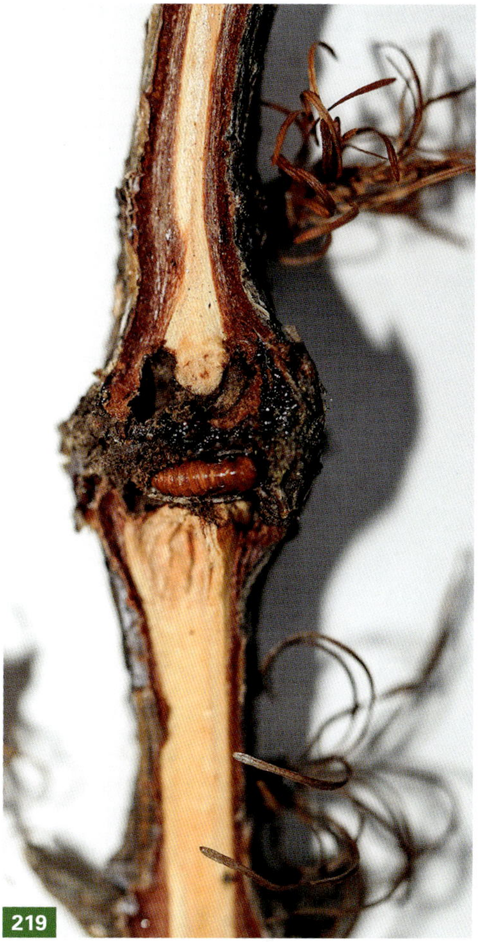

219

Blick ins Innere der Anschwellung mit der Puppe des Lärchenrindenwicklers (Cydia zebeana).

Schlüssel D: Ergänzender Käferschlüssel

Bockkäfer

Langhornböcke – *Monochamus*

220

Bäckerbock – Monochamus galloprovincialis. Aufgrund der langen Antennen der Männchen (oben) wird die Gattung als Langhornböcke bezeichnet; unten das Weibchen. Der rote Kasten gibt die Lage des Schildchens an. Anhand der Ausformung dieses Schildchens kann man die drei Arten bestimmen.

Für die Bestimmung wird die Ausprägung des Schildchens genutzt (Bense 1995) (Abb. 220):

→ Schildchen dicht und gleichmäßig gelblichweiß behaart (Abb. 221). Käfer 19–35 mm lang
Schneiderbock – *Monochamus sartor*

221

Schildchen vom Schneiderbock – Monochamus sartor

→ Schildchen mit einem vollständigen, unbehaarten Mittelstreifen (Abb. 222). Käfer 15–24 mm lang
Schusterbock – *Monochamus sutor*

222 *Schildchen vom Schusterbock – Monochamus sutor*

→ Schildchen nur an der Basis mit einem unbehaarten V-förmigen Fleck (Abb. 223). Käfer 12–26 mm lang
Bäckerbock – *Monochamus galloprovincialis*

223 *Schildchen vom Bäckerbock – Monochamus galloprovincialis*

Zangenböcke (Rhagium) und der Zimmermannsbock (*Acanthocinus aedilis*)

Alle Zangenböcke und der Zimmermannsbock sind in Anhang 1 der BArtSchV und besonders geschützt nach BNatSchG.

Schlüssel der Käfer leicht verändert nach KLAUSNITZER et al. (2016a) und BENSE (1995):

224 *Von links nach rechts: Zangenbock – Rhagium bifasciatum; Eichen-Zangenbock – Rh. sycophanta; Bissiger Zangenbock – Rh. mordax und Kleiner Zangenbock – Rh. inquisitor. Der rote Pfeil weist auf die artspezifisch langen Fühler des Zangenbocks (Rh. bifasciatum) hin. Der gelbe Pfeil zeigt auf den unbehaarten schwarzen Fleck beim Bissigen Zangenbock (Rh. mordax).*

Der Zimmermannsbock (*Acanthocinus aedilis*) ist unverwechselbar. Beide Geschlechter sind gleich einer Rinde gefärbt. Das Männchen hat sehr lange Fühler (links) und das Weibchen besitzt eine gut entwickelte Legeröhre (rechts). Die Fühler der Männchen können das 3- bis 5-fache der Körpergröße erreichen.

1 Männchen mit sehr langen Fühlern und Weibchen mit deutlicher Legeröhre (Abb. 225). Käferlänge 12–24 mm. In Kiefernwäldern. Entwicklung in alten, starken Baumstümpfen und Wurzelstöcken mit Rinde. Die Larven ernähren sich unter der Rinde. Larvengänge ca. 3 cm breit. Gelegentlich in Fichten, Lärchen sowie Tannen. Auch in gelagertem Holz. Die Puppenwiege liegt im Holz. Ovale Ausflugslöcher 6–8 × 3–4 mm groß. In Deutschland im Anhang 1 der Bundesartenschutzverordnung (BArtSchV) und besonders geschützt nach BNatSchG

Zimmermannsbock/Schneiderbock – *Acanthocinus aedilis*

→ Andere Merkmale → **2**

2 Fühler die Flügeldeckenbasis weit überragend. Unterseite des Hinterleibs mit einer glänzenden Mittellinie, ungekielt. Kontrastreiche Färbung (schwarz, ocker und rötlichbraun). Käfer 12–23 mm. Wirtsbaumarten: Meist Fichte und Kiefer, gelegentlich in Tanne und Douglasie, seltener Lärche; aber auch Ahorn, Erle, Birke, Hasel, Buche, Eiche, Mehlbeeren, Esskastanie und Besenginster

Zangenbock – *Rhagium bifasciatum*

→ Fühler nur wenig die Flügeldeckenbasis überragend. Unterseite des Hinterleibs längs der Mitte gekielt (Abb. 226). Rindenfärbung **→ 3**

Unterseite des Hinterleibs mit glänzender, unbehaarter Mittellinie und ohne Kiel (Zangenbock – Rhagium bifasciatum)

226

Unterseite des Hinterleibs mit mittigem Kiel (Kleiner Zangenbock – Rhagium inquisitor).

3 Schläfen viel kürzer als die Augen (Abb. 230 & Abb. 227). Käfer 10–22 mm. In Nadel- und Mischwälder sowie Parks. Wirtsbäume: hauptsächlich Fichten, auch in Tannen, Kiefern, der Douglasie sowie in Birken, der Buche und Eichen.

Kleiner Zangenbock – *Rhagium inquisitor*

→ Schläfen so lang oder länger als die Augen (Abb. 231 & Abb. 228 & Abb. 229) **→** 4

227

Kopf in Seitenansicht vom Kleinen Zangenbock (Rhagium inquisitor). Der rote Strich kennzeichnet die Schläfenlänge.

228

Kopf in Seitenansicht vom Eichen-Zangenbock (Rhagium sycophanta). Der rote Strich kennzeichnet die Schläfenlänge.

229

Kopf in Seitenansicht vom Bissigen Zangenbock (Rhagium mordax). Der rote Strich kennzeichnet die Schläfenlänge.

Kopf von oben vom Kleinen Zangenbock (Rhagium inquisitor). Der rote Strich kennzeichnet die Schläfenlänge.

Kopf von oben vom Bissigen Zangenbock (Rhagium mordax). Der rote Strich kennzeichnet die Schläfenlänge.

4 Flügeldecken basal zwischen Schildchen und Schulter höckerartig erhoben, gewöhnlich mit 2 rotgelben, in der Mitte geteilten Querbinden, zwischen diesen Binden jederseits am Seitenrand ohne schwarzen, unbehaarten Fleck (Abb. 224). Käfer 15–26 mm. Vor allem in historisch alten Eichen- und Hudewäldern sowie Eichenalleen. Wirtsbäume: meist in Eichen, gelegentlich in Erlen, Birken, der Buche und Linden

Eichen-Zangenbock – *Rhagium sycophanta*

→ Flügeldecken basal gleichmäßig gerundet, mit 2 gelbbraunen, in der Mitte geteilten Querbinden, die jederseits am Seitenrand durch einen schwarzen, unbehaarten Fleck geteilt werden (Abb. 224). Käfer 13–22 mm. In laub- und Mischwäldern, Waldrändern und Bruchwäldern. Wirtsbäume: Meist in Buchen und Eichen, sowie in Erlen, Birken, Pappeln, Linden, der Esskastanie und in Stubben von Tannen, Fichten und Kiefern

Bissiger Zangenbock – *Rhagium mordax*

Tetropium – Splintböcke

Der Kopf in Seitenansicht zeigt das stark eingebuchtete Komplexauge der Gattung Tetropium (Gemeiner Fichtensplintbock – Tetropium castaneum).

Der Schlüssel ist leicht verändert aus Klausnitzer et al. (2016a) und Bense (1995).

1 Oberfläche des Halsschildes völlig matt, Basis runzelig punktiert, Seiten fein granuliert (Abb. 232). Verbreitet. 8–17 mm.

Brauner Fichtensplintbock – *Tetropium fuscum*

→ Oberfläche des Halsschildes glänzend, oben fein und locker punktiert, Seiten dicht punktiert (Abb. 233). **→ 2**

232

Halsschild des Braunen Fichtensplintbocks (Tetropium fuscum)

233

Halsschild des Gemeinen Fichtensplintbocks (Tetropium castaneum)

2 Punktzwischenräume auf der Oberseite des Halsschildes größer als die Punkte. Stirn zwischen den Augen mit einer deutlichen Furche (Abb. 234). Verbreitet. 9–19 mm.
Gemeiner Fichtensplintbock – *Tetropium castaneum*

→ Punktzwischenräume so groß oder kleiner als die Punkte (vor allem auf der Hinterhälfte des Halsschildes). Stirn zwischen den Augen ohne deutliche Furche (Abb. 235). Selten. 8–18 mm.
Lärchensplintbock – *Tetropium gabrieli*

234

Gemeiner Fichtensplintbock (Tetropium castaneum) mit deutlicher Kopffurche zwischen den Augen.

235

Lärchensplintbock (Tetropium gabrieli) ohne deutliche Furche zwischen den Augen.

Rüsselkäfer

Pissodes

Leicht verändert nach Rheinheimer & Hassler (2013)

1 Hinterwinkel des Halsschildes stumpf (Abb. 236). Die Flügeldecken sind deutlich vom Halsschild abgesetzt. **→ 2**

→ Hinterwinkel des Halsschilds gewinkelt (Abb. 237). Halsschild und Flügeldecken gehen ohne Absatz ineinander über. **→ 3**

236

Ansicht von oben: Halsschild des Harzrüsslers (Pissodes harcyniae) mit dem „Eulengesicht". Halsschild und Flügeldecken sind deutlich voneinander abgesetzt („Flügeldecken-Schultern").

237

Ansicht von oben: Halsschild des Kiefernkulturrüsslers (Pissodes castaneus). Zwischen Halsschild und Flügeldecken ist kein Absatz.

2 Rotbraun. Halsschild oben glänzend, gleichmäßig quer gewölbt, die rundlichen Schuppen in den Punkten füllen diese aus. Flügeldecken mit einer ockerfarbenen Schuppenbinde hinter der Mitte. Länge 4–5 mm

Kiefernstangenrüssler – *Pissodes piniphilus*

Seitenansicht des Kiefernstangenrüssler (Pissodes piniphilus). Rostrote Färbung mit einer breiten, mittig unterbrochenen, ockerfarbenen Schuppenquerbinde.

→ Schwarzbraun bis schwarz. Halsschild oben matt, mit einem V-förmigen Eindruck, Schuppen in den Punkten sehr klein. Flügeldecken mit zwei schmalen ockerfarbenen Schuppenbinden aus länglich-ovalen Schuppen. Auf den Flügeldecken der 3. und 5. Zwischenraum etwas rippenförmig vorstehend. Länge 5–6,5 mm

Harzrüssler – *Pissodes harcyniae*

Der Harzrüssler (Pissodes harcyniae) mit den rippenförmig vorstehenden Zwischenräumen auf den Flügeldecken und dem V-förmigen Eindruck auf dem Halsschild. Flügeldecken mit zwei beigefarbenen in der Mitte unterbrochenen Schuppenquerbinden.

3 Halsschild an der Basis am breitesten, der Hinterrand stärker doppelbuchtig und die Hinterecken dadurch rechtwinklig. Punktstreifen sehr grob, die 2. und 4. Zwischenräume auf einen schmalen Grat verengt. Länge des Käfers: 7–10 mm. Die auffällige Fleckenzeichnung ist auf verpilztem Holz oder mit Flechten bewachsenen Rinden eine gute Tarnung. Der in Bergwäldern vorkommende Rüsselkäfer ist spezialisiert auf Weißtannen. Er wird als Urwald-Reliktart der autochthonen, montanen Weißtannen- und Fichten-Wälder eingestuft

Weißtannenrüssler – *Pissodes piceae*

238

Die Flügeldecken des großen Weißtannenrüsslers (Pissodes piceae) zeigen typische grobe Grübchen in Doppelreihen angeordnet. Vor der Flügeldeckenmitte ein ockerfarbener Fleck und nach der Mitte eine mittig unterbrochene breite ockerfarbene Schuppenquerbinde, die zur Mitte hin schmaler wird. Grundfärbung von rostbraun bis dunkelbraun.

Der Weißtannenrüssler (Pissodes piceae) in Seitenansicht. Der Hinterrand des Halsschildes zur Flügeldeckenbasis ist zweifach ausgebuchtet. Die Hinterecken des Halsschildes sind spitz und mit weißen Schuppen besetzt.

→ Halsschild nach hinten verengt, andernfalls bei *castaneus* Länge unter 7 mm und mit feineren Punktstreifen. **➔ 4**

4 Flügeldecken zweifarbig beschuppt. Länge 5-7 mm. **➔ 5**

→ Flügeldecken einfarbig beschuppt. Länge 6,2–9 mm. Beine schwarz. Oberseite uneben, die Umgebung des Schildchens vertieft und der 3. und oft auch der 5. Zwischenraum der Flügeldecken an der Basis etwas vorstehend. Die 2. und 4. Zwischenräume meist etwas schmaler als die angrenzenden Streifen. Halsschild mit deutlichem Mittelkiel

Kiefernbestandsrüssler/Kiefernaltholzrüssler – *Pissodes pini*

Der Kiefernbestandsrüssler (Pissodes pini) hat eine rostbraune bis schwarze Grundfärbung mit einer einfarbigen Zeichnung auf dem Halsschild und den Flügeldecken. Darauf befinden sich zwei ockerfarbene schmale Schuppenquerbinden. Die erste Querbinde (vom Halsschild aus) ist in der Mitte mit einer breiten Lücke versehen. Oft ist sie auch zusätzlich noch davor unterbrochen. Die zweite Querbinde ist fast lückenlos.

5 Halsschildbasis doppelbuchtig, Basis der Flügeldecken jederseits durch einen Eindruck eingebuchtet. Körper rotbraun bis schwarz. Länge 5–7 mm

Kiefernkulturrüssler – *Pissodes castaneus (Syn. notatus)*

Der Kiefernkulturrüssler (Pissodes castaneus) zeigt eine gewisse Variabilität in der Zeichnung. Grundfarbe von rotbraun bis schwarz. Auf den Flügeldecken zwei Schuppenquerbinden. Die erste Querbinde (vom Halsschild aus gesehen) ist ockerfarben und mit weiter Lücke in der Mitte. Die zweite Querbinde ist außen ockerfarben und innen weiß mit deutlich geringerer Lückenbreite als die erste Querbinde.

Halsschildbasis doppelt eingebuchtet beim Kiefernkulturrüssler (Pissodes castaneum). Der unbeschuppte Mittelkiel auf dem Halsschild ist deutlich erkennbar.

→ Halsschildbasis weniger doppelbuchtig, Basis der Flügeldecken einfach gebogen. Rüssel zur Spitze und Tarsen fast immer geschwärzt, meist viel dunkler als die vorige Art. Länge 5–6,3 mm

Kiefernzapfenrüssler – *Pissodes validirostris*

Der Kiefernzapfenrüssler (Pissodes validirostris) ist dem Kiefernkulturrüssler (Pissodes castaneum) sehr ähnlich. Aufgrund der bevorzugten Nahrung sind die beiden Arten ökologisch gut unterscheidbar.

Larventypen der holzbewohnenden Insekten

Käfer – Coleoptera

Rüsselkäfer

Hier sind im Größenvergleich Präparate verschiedener Borkenkäferlarven zu sehen. Die Farbunterschiede sind teilweise durch den Präparationsprozess verursacht. Von links nach rechts: Riesenbastkäfer (Dendroctonus micans), Buchdrucker (Ips typographus), Zottiger Fichtenborkenkäfer (Dryocoetes autographus), Gestreifter Nutzholzborkenkäfer (Trypodendron lineatum), Eichensplintkäfer (Scolytus intricatus)(Die Blase am Hinterkopf ist ein Präparationsartefakt) und Doppeläugiger Fichtenbastkäfer (Polygraphus poligraphus).

Larven des Buchdruckers (Ips typographus). Im Habitus stimmen sie mit den Larven des Großen Braunen Rüsselkäfers überein. Sie sind aber deutlich kleiner (Präparate).

Larven-Präparate des Großen Braunen Rüsselkäfers (Hylobius abietis). Beinlose, gekrümmte und mit Kriechwülsten versehene Raupen.

Prachtkäfer

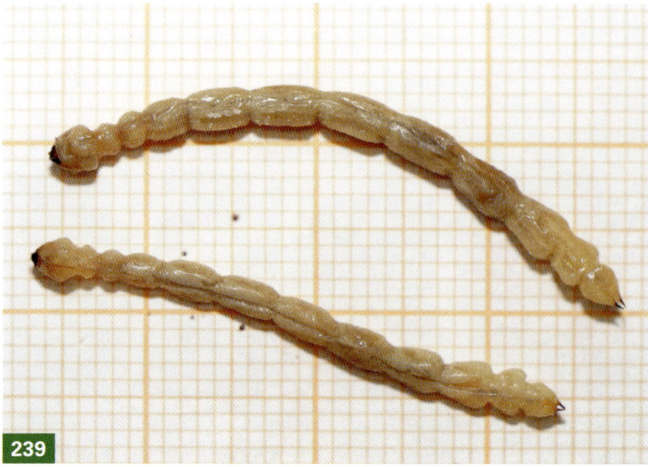

239

Die Prachtkäfer-Larven vom Agrilidentyp (hier: Zweifleckiger Eichenprachtkäfer – *Agrilus biguttatus*) zeigen folgende Charakteristika: Kopfkapsel in nachfolgendes Brustsegment eingesenkt, dieses Segment ist auffällig verdickt. Die nachfolgenden zwei Brustsegmente sind kürzer als die nächsten acht Segmente. Am Körperende ist eine Gabel vorhanden (Abb. 240). Insgesamt ist die Larve abgeflacht (Präparate).

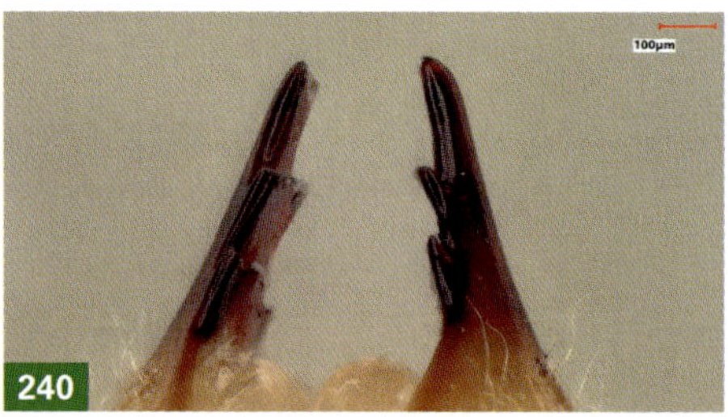

240

Am Körperende trägt die *Agrilus biguttatus*-Larve eine Gabel (Präparat).

Werftkäfer

Die Larven des Sägehörnigen Werftkäfers (*Hylecoetus dermestoides*) haben einen freistehenden Kopf (Präparate). Das erste Brustsegment trägt einen Rückenbuckel. Am Körperende ist ein dornartiger Fortsatz. Die Länge des Schwanzfortsatzes nimmt mit den Larvenstadien zu.

Hautflügler – Hymenoptera

241

Die Larven der Gemeinen Holzwespe (Sirex juvencus) haben keine Beine und am Körperende einen Stummelfortsatz (Präparat).

Schmetterlinge – Lepidoptera

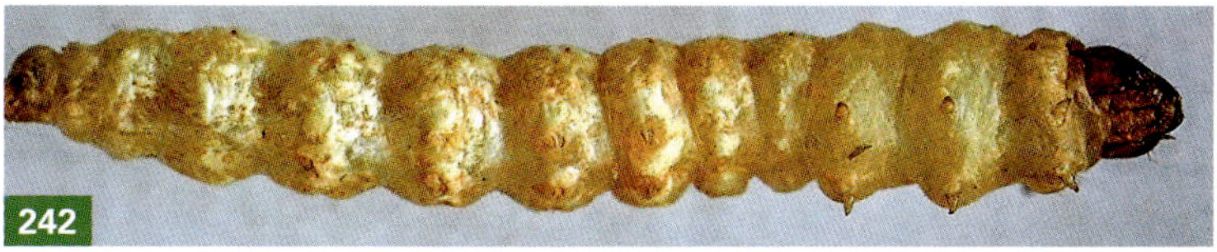

242

Bauchansicht der Raupe des Hornissenglasflüglers (Sesia apiformis) mit den 3 Beinpaaren an den Brustsegmenten (Präparat).

Übersichtstabelle mit den Nahrungspflanzen der baumbrütenden Forstinsekten

Oft ernähren sich die Imagines von anderen Pflanzen als deren Larven. Meistens sind in dieser Tabelle die Nahrungspräferenzen der Larven angegeben, da sie forstwirtschaftlich von größerer Bedeutung sind. Die Ausnahme bildet dabei der Große Braune Rüsselkäfer (*Hylobius abietis*). Hier ist der Käferfraßschaden der wichtigere Wirtschaftsfaktor.

	Nadelbäume	Fichte	Kiefer	Lärche	Tanne	Douglasie	Sonstige
Acanthocinus aedilis		gelegentlich	O	gelegentlich	gelegentlich		
Agrilus ater							
Agrilus biguttatus							
Agrilus sinuatus							
Agrilus viridis							
Anisandrus dispar							
Anoplophora glabripennis							
Anthaxia quadripunctata	X	O					
Arhopalus rusticus		X	O	X	X	X	
Aromia moschata							
Callidium violaceum	O						
Camponotus herculeanus	O						
Camponotus ligniperda	O						
Camponotus truncatus							
Cerambyx cerdo							
Cerambyx scopoli							
Clytus arcuatus							
Clytus arietis			selten				
Clytus lama	X						

X = Vorkommen

O = bevorzugte Wirtspflanze

J = Jungbestände

Ä = Ältere Bestände ab Stangenholzalter

Z/F = Spezialisiert auf Zapfen/Früchte

Laubbäume	Eiche	Buche	Esche	Pappel & Weide	Ulme	Obstbäume	Sonstige
				O			
	Ä						
selten						O	
X		O					
X							
X; Ä							
				X			
seltener							
X							
X							
X							
	O						
X							
	O	selten					selten Hainbuche
X	O						

	Nadelbäume	Fichte	Kiefer	Lärche	Tanne	Douglasie	Sonstige
Cossus cossus							
Cryphalops tiliae							
Cryphalus piceae			X	X	O	X	
Cryptorrhynchus lapathi							
Crypturgus cinereus	X	O	O				
Curculio elephas							
Curculio glandium							
Curculio nucum							
Curculio venosus							
Cydia amplana							F
Cydia fagiglandana							F selten
Cydia pactolana		X					
Cydia splendana							F selten
Cydia strobilella		Z					X
Cydia zebeana				X			
Dendroctonus micans		O	X	X	X		
Dioryctria abietella		O Z	X Z	X Z	X Z	X	
Dryocoetes autographus							
Dryocoetes villosus							
Ernobius abietis		Z					
Ernoporus fagi							
Evetria buoliana							
Gnathotrichus materiarius	X		O			X	

Laubbäume	Eiche	Buche	Esche	Pappel & Weide	Ulme	Obstbäume	Sonstige
X							
							O Linde
X				O			O Erle
	F selten						F Ess-kastanie
F selten	F						
							F Haselnuss
F							
F Ess-kastanie	F						F Haselnuss
	F						
F	F selten						F Ess-kastanie
	O	X					X
X		O					

	Nadelbäume	Fichte	Kiefer	Lärche	Tanne	Douglasie	Sonstige
Hadrobregmus pertinax		O	O				In Gebäude
Hylastes ater		X	O				Eibe
Hylastes cunicularius		O	X	X			
Hylecoetus dermestoides	X						
Hylesinus crenatus							
Hylesinus fraxini							
Hylesinus oleiperda							
Hylobius abietis	J						J
Hylotrupes bajulus		X	X	X	X		O Gebäude
Hylurgops glabratus		O	X				
Hylurgops palliatus		O	X	X	X		
Ips acuminatus		X	O	X			
Ips amitinus		O	X	X	X		
Ips cembrae		X	X	O	X	X	
Ips duplicatus		X					
Ips sexdentatus		X	O	X	X		
Ips typographus		O	X	X	X	X	
Lamia textor							
Lasius brunneus	X						In Gebäude
Lasius fuliginosus	O						In Gebäude
Lasius platythorax	X						
Lyctus brunneus							
Lymexylon navale							

Laubbäume	Eiche	Buche	Esche	Pappel & Weide	Ulme	Obstbäume	Sonstige
X							
X							
	selten		O				
X			O				
			O				
selten				X			
O							
X							
O							
							In Gebäude
X	O						

	Nadelbäume	Fichte	Kiefer	Lärche	Tanne	Douglasie	Sonstige
Microbregma emarginatum		X					
Molorchus minor		X	X	X	X	X	
Monochamus	X						
Monochamus galloprovincialis		X	O				
Monochamus sartor	X	O					
Monochamus sutor	X	O					
Phaenops cyanea	X		O				
Phaenops formaneki			O				
Phymatodes testaceus	selten						
Pissodes castaneus			J				
Pissodes harcyniae		O	X				
Pissodes piceae					X		
Pissodes pini			X				
Pissodes piniphilus			X				
Pissodes validirostris			Z				Z Arbe
Pityogenes bistridentatus			X				
Pityogenes bidentatus		X	O	X	X	X	
Pityogenes chalcographus		O	X	X	X	X	
Pityogenes quadridens		X	O	X	X	X	
Pityokteines curvidens		X	X	X	O	X	
Pityokteines spinidens		X	X	X	O	X	
Pityokteines vorontsovi		X	X	X	O	X	
Pityophthorus pityographus		O	X			X	
Plagionotus arcuatus							
Platypus cylindrus							
Pogonocherus fasciculatus		O	O	X	X		

Laubbäume	Eiche	Buche	Esche	Pappel & Weide	Ulme	Obstbäume	Sonstige
X	O						
X	O						
X	O						

	Nadelbäume	Fichte	Kiefer	Lärche	Tanne	Douglasie	Sonstige
Polygraphus grandiclava			X				
Polygraphus poligraphus	X	O					
Pteleobius kraatzi							
Pteleobius vittatus							
Rabdophaga saliciperda							
Retinia resinella			X				
Rhagium bifasciatum		O	O	selten	X	X	X
Rhagium inquisitor		O	X		X	X	
Rhagium mordax		in Stubben	in Stubben		in Stubben		
Rhagium sycophanta							
Rhyacionia buoliana			X				
Rosalia alpina							
Saperda carcharias							
Saperda populnea							
Saperda scalaris							
Saperda similis							
Scolytus intricatus							
Scolytus mali							
Scolytus multistriatus							
Scolytus ratzburgi							
Scolytus rugulosus							
Scolytus scolytus							
Sesia apiformis							

Laubbäume	Eiche	Buche	Esche	Pappel & Weide	Ulme	Obstbäume	Sonstige
						X	
					O		
					O		
							O Weiden
X							
	X	X					X Birke
X	O	O					
gelegent-lich	O						
X		O					O Berg-ahorn
				Pappeln			
				X			
X						O	
				Weiden			
selten	O						
selten						O	
selten					O		
							O Birke
selten						O	
selten					O		
				Pappeln			

	Nadelbäume	Fichte	Kiefer	Lärche	Tanne	Douglasie	Sonstige
Sirex juvencus	X		O		O		
Siricidae	O						
Synanthedon culiciformis							
Taphrorychus bicolor							
Tetropium fuscum		O	X	X	X		
Tetropium castaneum		O	X	X	X		
Tetropium gabrieli				X			
Thaumetopoea processionea							
Tomicus minor		X	O				
Tomicus piniperda		X	O	X			
Trypodendron domesticum							
Trypodendron lineatum	X	O	O		O	O	
Trypodendron signatum							
Urocerus gigas	O						
Vespa crabro	X						in Gebäude
Xeris spectrum	X						
Xestobium rufovillosum							
Xyleborus monographus							
Xyleborinus saxeseni	X						
Xylosandrus germanus	X						
Zeuzera pyrina							

Laubbäume	Eiche	Buche	Esche	Pappel & Weide	Ulme	Obstbäume	Sonstige
X							
selten							O Birke Erle
X		O					
	X						
X							
X							
X							
X							
X	O			O			In Gebäude
X	O						
O							
X							
X							

Rinden- und Holzbrüter an Eichen-Arten (*Quercus* ssp.). Die Brutbilder der kleineren Arten sind überproportional vergrößert dargestellt.

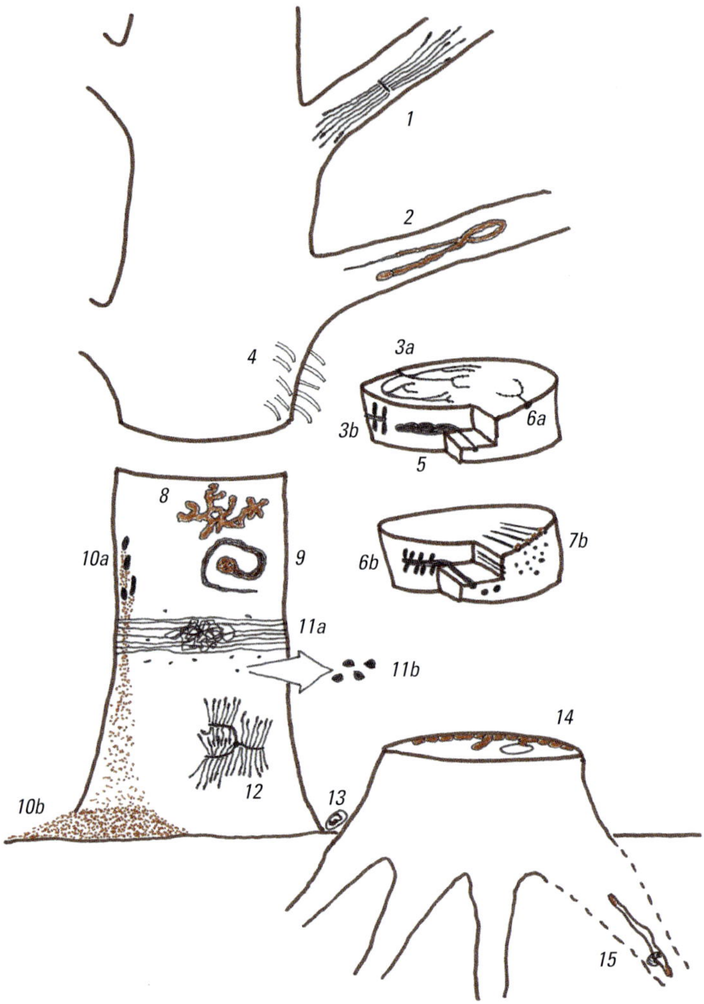

1	***Scolytus intricatus*** – Eichensplintkäfer
2	***Agrilus sulcicollis*** – Blaugrüner Eichen-Prachtkäfer
3a	***Platypus cylindrus*** – Eichenkernkäfer: Brutbild in Aufsicht
3b	***Platypus cylindrus*** – Eichenkernkäfer: Brutbild in Seitenansicht
4	***Xylosandrus (Xyleborus) germanus*** – Schwarzer Nutzholzborkenkäfer: Bohrmehlröhrchen
5	***Xyleborinus saxenii*** – Kleiner Holzbohrer: Die Larven haben das ursprünglich vom Weibchen angelegte Brutbild sackförmig erweitert
6a	***Trypodendron domesticum*** – Laubnutzholzborkenkäfer: Brutbild in Aufsicht
6b	***Trypodendron domesticum*** – Laubnutzholzborkenkäfer: Brutbild in Seitenansicht („Leitersprossen")
7	***Hylecoetes dermestoides*** – Sägehörniger Werftkäfer („Schrotschuss")
8	***Plagionotus arcuatus*** – Eichenwidderbock
9	***Coraebus undatus*** – Wellenbindiger Eichen-Prachtkäfer
10a	***Cerambyx cerdo*** – Eichenheldbock/Heldbock: Ausbohrlöcher im Stamm
10b	***Cerambyx cerdo*** – Eichenheldbock/Heldbock: Umfangreicher Bohrmehlauswurf
11a	***Agrilus biguttatus*** – Zwei-bindiger Eichen-Prachtkäfer: Das zuerst wirre Brutbild geht nach und nach in ein waagrecht verlaufendes Brutbild über
11b	***Agrilus biguttatus*** – Zwei-bindiger Eichen-Prachtkäfer: Die ovalen Ausflugslöcher der Jungkäfer
12	***Dryocoetes villosus*** – Zottiger Eichenborkenkäfer
13	***Curculio (Balaninus) glandium*** – Eichelrüssler: Larven in Eicheln. Diese fallen früher vom Baum
14	***Phymatodes testaceus*** – Veränderlicher Scheibenbock: Die Puppenwiege ist hell dargestellt
15	***Lucanus cervus*** – Hirschkäfer: Mehrjährige (bis zu 7 Jahre) Larve nagt in und an abgestorbenen Baumwurzeln (meist Laub-, selten Nadelbäume)

Legende
Rindenbrüter
Holzbrüter

Rinden- und Holzbrüter an Fichten (*Picea* ssp.). Die Brutbilder der kleineren Arten sind überproportional vergrößert dargestellt.

1	*Anthaxia quadripunctata* – Vierpunkt-Kiefernprachtkäfer
2	*Hylurgops palliatus* – Gelbbrauner Fichtenbastkäfer
3	*Cryphalus abietis* – Gekörnter Fichtenborkenkäfer
4	*Pityogenes chalcographus* – Kupferstecher
5	*Hylurgops glabratus* – Dunkelbrauner Fichtenbastkäfer
6	*Polygraphus poligraphus* – Kleiner Fichtenbastkäfer/Doppeläugiger Fichtenbastkäfer
7	*Pityophthorus pityographus* – Furchenflügeliger Fichtenborkenkäfer
8	*Ips amitinus* – Kleiner Achtzähniger Fichtenborkenkäfer/Kleiner Buchdrucker
9	*Rhagium* ssp. – Zangenbock
10	*Trypodendron* (*Xyloterus*) *lineatum* – Gestreifter Laubnutzholzborkenkäfer
11	*Ips typographus* - Buchdrucker
12	*Pissodes hercyniae* – Harzrüsselkäfer/Harzrüßler
13	*Dryocoetes autographus* – Zottiger Fichtenborkenkäfer
14	*Tetropium castaneum* – Fichtenbock/Gemeiner Fichtensplintbock
15	*Dendroctonus micans* – Riesenbastkäfer: Gemeinschaftsfrass der Larven und starker Harzfluss
16	*Hylastes cunicularius* – Schwarzer Fichtenbastkäfer

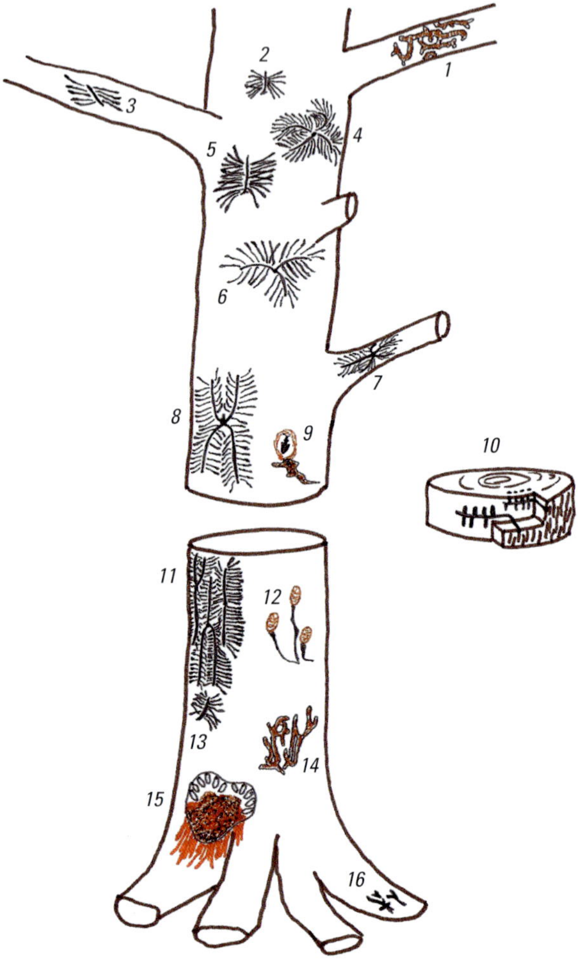

Rindenbrüter
Holzbrüter

Rinden- und Holzbrüter an Kiefern (*Pinus* ssp.). Die Brutbilder der kleineren Arten sind überproportional vergrößert dargestellt.

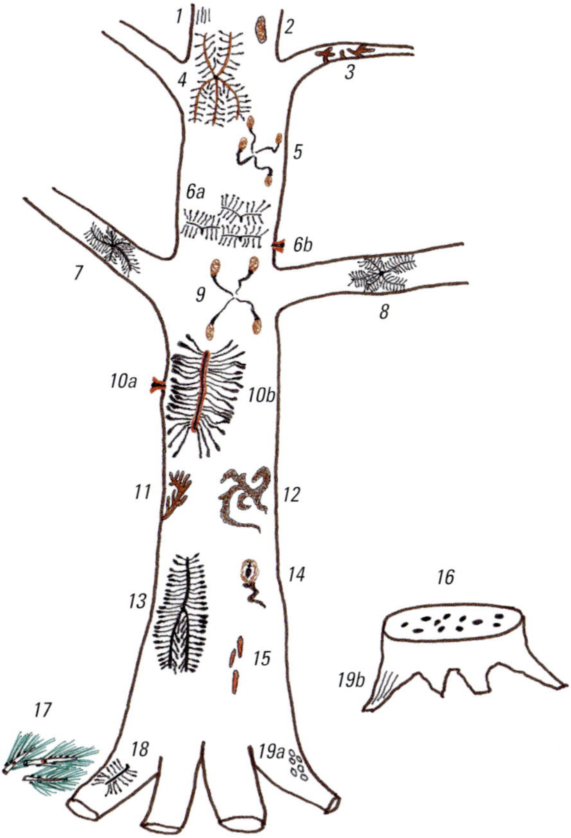

1	*Magdalis frontalis* – Blauer Markröhrenrüssler
2	*Monochamus galloprovincialis* – Kiefernbock/Bäckerbock
3	*Pogonocherus fasciculatus* – Kiefernzweigbock
4	*Ips acuminatus* – Sechszähniger Kiefernborkenkäfer: die Muttergänge sind mit Bohrmehl gefüllt
5	*Pissodes piniphilus* – Kieferstangenrüssler
6a	*Tomicus minor* – Kleiner Waldgärtner
6b	*Tomicus minor* – Kleiner Waldgärtner: Einbohrloch mit Harztrichter
7	*Pityogenes bidentatus* – Zweizähniger Kiefernborkenkäfer
8	*Pityogenes quadridens* – Vierzähniger Kiefernborkenkäfer
9	*Pissodes pini* – Kiefernbestndsrüssler/ Kiefernaltholzrüssler
10a	*Tomicus piniperda* – Großer Waldgärtner: Einbohrloch mit Harztrichter
10b	*Tomicus piniperda* – Großer Waldgärtner: Brutbild
11	*Strongylogaster multifasciata* – Blattwespe (Tenthredinidae)
12	*Phaenops (Melanophila) cyanea* – Blauer Kiefernprachtkäfer
13	*Ips sexdentatus* – Zwölfzähniger Kiefernborkenkäfer
14	*Rhagium* ssp. – Zangenbock
15	*Arhopalus rusticus* – Haaraugen-Halsgrubenbock
16	*Spondylis bubrestoides* – Waldbock
17	*Tomicus* ssp. – herabgefallene Kiefern-Triebe mit ausgehöhlter Markröhre und mit Harztrichter („Absprünge")
18	*Hylastes ater* – Schwarzer Kiefernbastkäfer
19a	*Hylobius abietis* – Großer Brauner Rüsselkäfer: Käferfrass („Pockennarbenfraß"; meist an Jungbäumen)
19b	*Hylobius abietis* – Großer Brauner Rüsselkäfer: Larvenfrass („Kannelierfraß" an den Wurzeln von Baumstubben)

Rindenbrüter
Holzbrüter

Tannenlaus und rindenbrütende Käfer an der Weißtanne (*Abies alba*). Die Brutbilder der kleineren Arten sind überproportional vergrößert dargestellt.

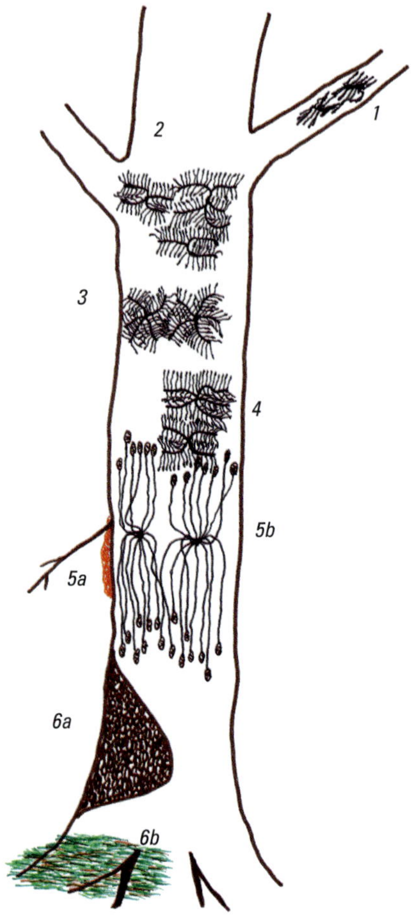

1	*Cryphalus piceae* – Kleiner Tannenborkenkäfer
2	*Pityokteines vorontzovi* – Mittlerer Tannenborkenkäfer
3	*Pityokteines spinidens* – Spinidens-Tannenborkenkäfer
4	*Pityokteines curvidens* – Krummzähniger Weißtannenborkenkäfer
5a	*Pissodes piceae* – Weißtannenrüsselkäfer: starker Harzausfluss an Totästen
5b	*Pissodes piceae* – Weißtannenrüsselkäfer: Brutbilder
6a	*Dreyfusia piceae* – Tannenstammlaus: am Baumstamm in Massen sitzende Läuse
6b	*Dreyfusia piceae* – Tannenstammlaus: Nadelfall bei Massenbefall durch Saugtätigkeit

Holzbrüter	Rindenbrüter

Rinden- und Holzbrüter an Obstbäumen. Die Brutbilder der kleineren Arten sind überproportional vergrößert dargestellt.

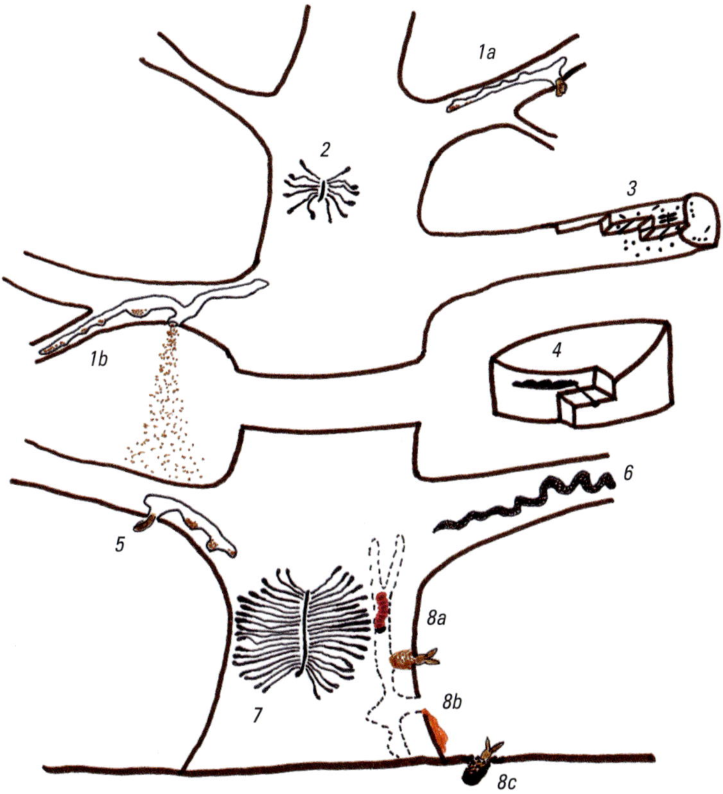

1a	*Zeuzera pyrina* – Blausieb (Lepidoptera – Schmetterling)
1b	*Zeuzera pyrina* – Blausieb (Lepidoptera – Schmetterling): mit Bohrmehlauswurf
2	*Scolytus rugulosus* – Runzliger oder Kleiner Obstbaumsplintkäfer
3	*Anisandrus (Xyleborus) dispar* – Ungleicher Holzbohrer
4	*Xyleborinus saxenii* – Kleiner Holzbohrer
5	*Synanthedon myopaeformis* – Apfelbaum-Glasfügler: mit heraushängender Puppe
6	*Agrilus sinuatus* – Birnbaum-Prachtkäfer: „Zick-zack-Larve"
7	*Scolytus mali* – Großer Obstbaumsplintkäfer
8a	*Cossus cossus* – Weidenbohrer (Lepidoptera – Schmetterling): leere Puppenhülle in einem Holzspänne-Kokon ragt aus dem Brutbild. Im Brutbild die auffällig weinrot gefärbte große Raupe
8b	*Cossus cossus* – Weidenbohrer (Lepidoptera – Schmetterling): Starker Baumsaftfluss aus dem befallenen Bereich
8c	*Cossus cossus* – Weidenbohrer (Lepidoptera – Schmetterling): leere Puppenhülle in einem –Erd-Kokon ragt aus dem Boden

Holzbrüter	Rindenbrüter

Literatur

APEL K.-H. (1979): Erkennung der wichtigsten Stammschädlinge an Kiefer, Fichte und Lärche. – Soz. Forstwirt. 29 (1): 30–31.

APEL K.-H. (1983): Erkennungsmerkmale wichtiger Stammschädlinge an Laubhölzern. – Soz. Forstwirt. 33 (4): 122–125.

APEL K.-H. & D. RICHTER (1990): Heimische rinden- und holzbrütende Insekten (Stammschädlinge). – Merkblatt Nr. 47, Institut für Forstwissenschaften Eberswalde, 1–56.

BARTSCH D., BETTAG, E., BLASIUS, R., BLUM, E., KALLIES, A., SPATENKA, K., WEBER, F., EBERT, G., RATZEL, U., RATZEL, M., HERRMANN, R., HOFMANN, A., MEINECKE, J.-U., SCHANOWSKI, A., LUSSI, H. G., STEINER, A. & J. BASTIAN (1997): Die Schmetterlinge Baden-Württembergs. Band 5 – Nachtfalter III. – Eugen Ulmer Verlag, Stuttgart, 1–575.

BENSE U. (1995): Bockkäfer: illustrierter Schlüssel zu den Cerambyciden und Vesperiden Europas. – Margraf Verlag, Weikersheim, 1–512.

BRAUNS A. (1991): Taschenbuch der Waldinsekten. Grundriß einer terrestrischen Bestandes- und Standort-Entomologie. – 4. Aufl. Gustav Fischer Verlag, Stuttgart, 1–860.

BRECHTEL F. & H. KOSTENBADER (2002): Die Pracht- und Hirschkäfer Baden-Württembergs. – Verlag Eugen Ulmer, Stuttgart, 1–632.

EBERT W., HÄUSSLER D., KESSLER W., KULICKE H. & E. TEMPLIN (1978): Bestimmungsbuch der wichtigsten Kiefernschädlinge und -krankheiten. – Hrsg. Institut für Forstwissenschaften Eberswalde. VEB Deutscher Landwirtschaftsverlag Berlin, Druckerei Markneukirchen, 1–128.

EBNER S. & A. SCHERER (2012): Die wichtigsten Forstschädlinge. Insekten – Pilze – Kleinsäuger. – 4. Aufl. Leopold Stocker Verlag, Graz, 1–203.

EBNER G., ESCHE T., HERRMANN R., HOFMANN A., LUSSI H. G., NIKUSCH I., SPEIDEL W., STEINER, A. & J. THIELE (1994): Die Schmetterlinge Baden-Württembergs. Band 3 – Nachtfalter I. – Eugen Ulmer Verlag, Stuttgart, 1–518.

GEREND R., KÖHLER F. & C. BRAUNERT (2007): Die Totholzkäfer (Coleoptera) des „Schnellert“ bei Berdorf: ökologische Analyse der Xylobiontenfauna eines Altwaldes in der luxemburgischen Sandsteinlandschaft. – Ferrantia, Band 50: 265–295.

GRÜNE S. (1979): Handbuch zur Bestimmung der europäischen Borkenkäfer. – Verlag M. & H. Schaper, Hannover, 1–182.

GRÜNWALD S. (2009): Ernährungsphysiologische Aspekte xylophager Bockkäferlarven (Coleoptera: Cerambycidae).- Dissertation an der Technischen Universität München, 1–178.

HABERMANN M., BAIER U., ELSNER G., HIELSCHER K., HURLING R., IMMLER T., KRÜGER F., LOBINGER G., MÖLLER K., PAPE B. & M. WEBER (2011): Wichtige Forstschädlinge – erkennen, überwachen und bekämpfen. – 6. Aufl. aid infodienst, Bonn, 1–72.

HARDE K. W. & F. SEVERA (2014): Der Kosmos-Käferführer. Die Käfer Mitteleuropas. – 7. Aufl. Franckh-Kosmos-Verlag, Stuttgart, 1–352.

HOCH G., MITTERMAYR D. & H. KREHAN (2014): *Monochamus*-Arten als potenzielle Vektoren des Kiefernholznematoden in Österreich: Lockstofffallen zum Monitoring des Fluges. – Forstschutz Aktuell 60/61, 5–11.

JOHN R., DELB H., HIELSCHER K., HURLING R., LOBINGER G., NIESAR M., OTTO L.-F., PETERCORD R. & J. THIEL (2016): Borkenkäfer an Nadelbäumen – erkennen, vorbeugen, kontrollieren. – 8. Aufl. aid infodienst, Bonn, 1–52.

KLAUSNITZER B., KLAUSNITZER U., WACHMANN E. & Z. HROMÁDKO (2016a): Die Bockkäfer Mitteleuropas. Cerambycidae. Band 1: Biologie und Bestimmung. – 3. Aufl. Die Neue Brehm-Bücherei Bd. 499, VerlagsKG Wolf, Magdeburg, 1–303.

KLAUSNITZER B., KLAUSNITZER U., WACHMANN E. & Z. HROMÁDKO (2016b): Die Bockkäfer Mitteleuropas. Cerambycidae. Band 2: Die mitteleuropäischen Arten. – 3. Aufl. Die Neue Brehm-Bücherei Bd. 499, VerlagsKG Wolf, Magdeburg, 311–692.

KOCH R. (1928): Bestimmungstabellen der Insekten an Fichte und Tanne nach den Fraßbeschädigungen. – 2. Aufl. Verlagsbuchhandlung Paul Parey, Berlin, 1–145.

KÖHLER F. (2014): Die klimabedingte Veränderung der Totholzkäferfauna (Coleoptera) des nördlichen Rheinlandes. Analysen zur Gesamtfauna und am Beispiel von Wiederholungsuntersuchungen in ausgewählten Naturwaldzellen. – Hrsg.: Wald und Holz NRW, Münster, 1–198.

LEMME H. (2015): Praxishilfe Asiatischer Laubholzbockkäfer. – Hrsg. Bayerische Landesanstalt für Wald und Forstwirtschaft (LWF) und Bayerische Landesanstalt für Landwirtschaft (LfL). Druckerei Lanzinger, Oberbergkirchen, 1–116.

MÖLLER G. (2009): Struktur- und Substratbindung holzbewohnender Insekten, Schwerpunkt Coleoptera – Käfer. Dissertation. Fachbereich Biologie, Chemie, Pharmazie der Freien Universität Berlin, 1–284.

NIEHUIS M. (2001): Die Bockkäfer in Rheinland-Pfalz und im Saarland. – Beiheft 26 der Schriftenreihe „Fauna und Flora in Rheinland-Pfalz“, GNOR-Eigenverlag, Landau, 1–604.

NIEHUIS M. (2004): Die Prachtkäfer in Rheinland-Pfalz und im Saarland. – Beiheft 31 der Schriftenreihe „Fauna und Flora in Rheinland-Pfalz“, GNOR-Eigenverlag, Landau, 1–713.

NIERHAUS-WUNDERWALD, D. (1995): Rindenbrütende Käfer an Weißtanne. Biologie und forstliche Massnahmen. Merkblatt für die Praxis und Sonderdruck aus Wald und Holz 23: 8-13.

NIESAR M., ZÚBRIK, M. & A. KUNCA (2013): Waldschutz im Klimawandel – Wie bleiben unsere Wälder vital? – Hrsg. Labdesbetrieb Wald und Holz NRW. NIKARA, Slowakei, 1–202.

RHEINHEIMER J. & M. HASSLER (2013): Die Rüsselkäfer Baden-Württembergs. – 2. Aufl. Verlag regionalkultur, Heidelberg, 1–944.

RINK M. & U. SINSCH (2008): Bruthabitat und Larvalentwicklung des Hirschkäfers *Lucanus cervus* (Linnaeus, 1758) (Coleoptera: Lucanidae). – Entomologische Zeitschrift, Stuttgart 118, 229–236

SCHAWALLER W., J. REIBNITZ & U. BENSE (2005): Käfer im Holz – Zur Ökologie des natürlichen Holzabbaus. – Stuttgarter Beiträge zur Naturkunde, Serie C – Wissen für alle 58, 1–77.

SCHIMITSCHEK E. (1955): Die Bestimmung von Insektenschäden im Walde nach Schadensbild und Schädling. – Verlag Paul Parey, Hamburg, 1–196.

SCHMIDT O. (2004): Eingeschleppte Borkenkäferarten in Bayerischen Wäldern. LWF aktuell 45, S. 21–22.

SCHWENKE W. (Hrsg.)(1974): Die Forstschädlinge Europas. Käfer (Zweiter Band). – Verlag Paul Parey, Hamburg, 1–500.

SCHWENKE W. (Hrsg.)(1978): Die Forstschädlinge Europas. Schmetterlinge (Dritter Band). – Verlag Paul Parey, Hamburg, 1–467.

SCHWENKE W. (Hrsg.)(1982): Die Forstschädlinge Europas. Hautflügler und Zweiflügler (Vierter Band). – Verlag Paul Parey, Hamburg, 1–392.

SCHWERDTFEGER F. (1981): Die Waldkrankheiten. – 4. Aufl. Verlag Paul Parey, Hamburg, 1–486.

VITÉ J. P. (1952): Die holzzerstörenden Insekten Mitteleuropas. Textband. – „Musterschmidt", Wissenschaftlicher Verlag, 1–157.

WILLNER W. (2013): Taschenlexikon der Käfer Mitteleuropas. Die wichtigsten Arten im Porträt. – Quelle & Meyer, Verlag, Wiebelsheim, 1–399.

Internet

Verzeichnis der Käfer Deutschlands
(http://www.colkat.de/de/fhl/; 9.I.2019)

Steckbrief zur Art 1088 der FFH-Richtlinie. Heldbock (*Cerambyx cerdo*)
(http://www.natura2000.rlp.de/steckbriefe/index.php?a=s&b=a&c=ffh&pk=1088; 6. X. 2018)

Cerambyx cerdo L., 1758
(http://www.wisia.de/FsetWisia1.de.html; 6. X. 2018)

Diagnoseprogramm Waldgesundheit (WSL)
(https://www.wsl.ch/forest/wus/diag/index.php?MOD=10; 6. X. 2018)

Föhrenknospentriebwickler *Rhyacionia buoliana*
(https://www.wsl.ch/forest/wus/diag/show_singlerecord.php?TEXTID=205; 4.I.2019)

Waldwissen
(https://www.waldwissen.net/waldwirtschaft/schaden/insekten/lwf_prachtkaefer/index_DE; 6. X. 2018)

Schwarzer Nutzholzborkenkäfer *Xylosandrus germanus* an Weinreben
(https://www.lwg.bayern.de/weinbau/rebe_weinberg/149760/index.php; 1.XI.2018)

Crypturgus cinereus
(http://coleonet.de/coleo/texte/crypturgus.htm; 2.XI.2018)

Fichtenrinden-Nagekäfer *Microbregma emarginatum*
(https://www.wsl.ch/forest/wus/diag/index.php?TEXTID=37&MOD=1; 15.XI.2018)

Furchenflügeliger Fichtenborkenkäfer *Pityophthorus pityographus*
(https://www.wsl.ch/forest/wus/diag/show_singlerecord.php?TEXTID=101; 5.I.2019)

Fichtenrindenwickler *Cydia pactolana*, syn. *Laspeyresia pactolana*
(https://www.wsl.ch/de/services-und-produkte/beratung-und-gutachten/baumkrankheiten-vollstaendige-liste.html; 9.I.2019)

Schwarzer Fichtenbastkäfer *Hylastes cunicularius*
(https://www.wsl.ch/forest/wus/diag/show_singlerecord.php?TEXTID=148; 3.I.2019)

Brauner *Splintholzkäfer* (*Lyctus brunneus*)
(https://www.lwf.bayern.de/mam/cms04/service/dateien/a73_teures-leben-im-parkett.pdf; 23.XI.2018)

Wickler in Samen
(http://www.lepiforum.de/; 20.XII.2018)

Der Alpenbock (*Rosalia alpina*) im Lainzer Tiergarten
(https://www.wien.gv.at/kontakte/ma22/studien/rtf/alpenbock.rtf; 9.I.2019)

Gattung: Pteleobius BEDEL
(http://coleonet.de/coleo/texte/pteleobius.htm; 9.I.2019)

Abkürzungen und Glossar

Adulte Tiere = Imagines = Erwachsene Tiere

Ambrosiapilz = Keine systematische sondern eine funktionelle Bezeichnung für die mit Insekten zusammenlebenden Pilze. Diese werden regelhaft gepflegt und gefressen sowie zum nächsten Brutbild transportiert. Dazu sind im oder am Insektenkörper spezifische Einrichtungen vorhanden. Siehe auch Ektosymbionten.

Anbrüchig = Lebende Bäume mit Totholzstrukturen.

Autochthon = Indigen. Es handelt sich dabei um einheimische Arten, d. h. sie kommen von Natur aus in dem Gebiet vor. Sie sind also nicht durch den Menschen in das Gebiet gelangt oder verbracht worden. Sie können aber auf natürlichem Weg in das Gebiet eingewandert sein (natürliche Arealerweiterung).

BArtSchV = Bundesartenschutzverordnung (Deutschland).

Bast = Vom Kambialring nach außen gebildetes Gewebe (Sekundäres Phloem).

Bestand = Angelegter Wald.

BNatSchG = Bundesnaturschutzgesetz (Deutschland).

Determination = Bestimmung der Art/Artansprache.

Disposition = Vorschädigung des Baumes.

Endosymbionten = Im Körperinneren des Tieres lebende und in Symbiose stehende Organismen. Oft Mikroorganismen wie Pilze, Bakterien, Einzeller. Sie helfen dem Insekt bei der Verdauung der Holz-/Rindensubstanzen.

Ektosymbionten = Gleiche Funktion wie bei den Endosymbionten. Allerdings leben sie nicht im Körperinneren der Insekten. Z. T. sind sie vorübergehend im Körperinneren, z. B. bei den Holzwespen. Dabei arbeiten sie aber nicht für die Insekten, sondern werden lediglich bevorratet um dem Insekten-Nachwuchs zur Verfügung zu stehen. Meist werden die Ektosymbionten als Nahrung aufgenommen. Siehe Ambrosiapilz.

FFH = Fauna-Flora-Habitat-Richtlinie oft auch nur FFH-Richtlinie oder Habitatrichtlinie genannt. Die Richtlinie 92/43/EWG der Europäischen Union (EU) dient der Erhaltung der natürlichen Lebensräume sowie der wildlebenden Tiere und Pflanzen im europäischen Gebiet der Mitgliedstaaten. Sie ist die rechtliche Grundlage für den Aufbau des europäischen Schutzgebietssystems „Natura 2000“.

Imago = Adultes Tier.

Käferholz = Von Käfern besiedeltes Holz.

Kambialring = Der Kambialring besteht aus sich kontinuierlich teilenden Zellen/Zelllagen. Er bildet nach außen (Phloem) sowie nach innen (Xylem) neue Zellen. So ermöglicht er den Dickenwachstum der Bäume. Er liegt zwischen Rinde und Splintholz.

Kernholz = Kernholz leitet kein Wasser und besteht aus totem Gewebe. Darin werden oft spezifische Substanzen eingelagert. Dadurch kann das Kernholz eine charakteristische Färbung erhalten.

Monophag = nur an einer Pflanzen-/Baumart fressend.

Mycetangien = Eintiefungen im Außenskelett der Insekten zum Transport von symbiontischen Pilzen.

Mycetophag = Pilzfressend.

Phloem = Leitungsgewebe für den Transport von den Fotosyntheseorganen (z. B. Blätter) oder Speicherorganen zu den wachsenden Geweben oder Speicherorganen. Weitergeleitet werden die organischen Produkte der Fotosynthese in einer umgebildeten Form für den Transport.

Pilzmyzel = Pilzgewebe.

Polygamie = Das Männchen lebt mit mehreren Weibchen in einem Brutbild zusammen.

Rammelkammer = Kleine Kammer meist in der Rinde oder auch im Splint, die zur Kopulation dient. Von dort gehen die Muttergänge aus.

Splint = Splintholz besteht aus lebendem Gewebe und leitet Wasser. Es umkleidet das Kernholz.

Stigma = Äußere Öffnung des Tracheensystems.

Stubben = Baumstumpf.

Syn. = Synon. = Synonym = Entsprechend den Regeln der wissenschaftlichen Namensgebung (Nomenklatur) in der Zoologie ist dieser Tiername nicht mehr gültig.

Tracheen = Atemröhrensystem im Insektenkörper.

Unterdrückte Bäume = Bäume die unter dem Kronendach anderer Bäume sich nur sehr schwach entwickeln können.

Verblauen (Pilz) = Bläuepilze werden meist durch Borkenkäfer verschleppt und können in deren Gangsystem sich entwickeln. Dabei wird das Holz bläulich verfärbt. Dies mindert den Verkaufserlös für das Holz.

Xylem = Leitungsgewebe für den Transport von den Wurzeln zu den Fotosyntheseorganen (z. B. Blätter). Transportiert werden Wasser, darin gelöste Ionen und organische Substanzen.

Xylobiont = Holzbewohnend

Xylo-mycetophage Insekten = Insekten die sich von einem Pilz in ihren Gangsystemen im Holz ernähren.

Xylophag = Holzfressend

Wissenschaftliche und deutsche Artnamen sowie Arthinweise

Die **halbfett** gedruckten Zahlen beziehen sich auf die Seitenzahl mit Abbildungen. Synonyme sind in kleinerer Schrift angegeben. *Kursive Schreibweise* der Seitenzahl gibt die ausführliche Darstellung an (meist ebenfalls mit Abbildungen).

L

M

N

O

X

Z

Prof. Dr. rer. nat. Wolfgang Rohe; Studium der Biologie in Mainz, Basel und Frankfurt am Main; Promotion in ökologischer und systematischer Entomologie mit Forschungsaufenthalten in Genf, Lausanne, Zürich, Paris, London und Malaysia. Anfangs wissenschaftliche Begleituntersuchungen zur Richtlinienoptimierung der Biotopsicherungsprogramme in Rheinland-Pfalz; dann Stationen als Leiter der entomologischen Landessammlung Rheinland-Pfalz am Naturhistorischen Museum in Mainz, später als Leiter der Unteren Naturschutzbehörde in Regensburg.
Seit 1995 Professor für Ökologische Umweltplanung und Umweltinformatik an der Hochschule für Angewandte Wissenschaft und Kunst in Göttingen (HAWK); Kurator der entomologischen Lehr- und Forschungssammlung; Leiter der Forstzoologie.
Von 2001 bis 2020 Privatdozent an der Georg-August-Universität Göttingen; 2018 dortige Lehrstuhl-Vertretungsprofessur für Waldschutz und Forstzoologie.
Langjährige internationale Forschungsprojekte in Schottland und Spanien.